中国地质大学（武汉）珠宝学院 GIC 版权引进系列丛书

錾花工艺

古代与现代技法

CHASING AND REPOUSSÉ

METHODS ANCIENT AND MODERN

[美] Nancy Megan Corwin 著

李举子 罗理婷 译

图书在版编目(CIP)数据

錾花工艺:古代与现代技法/(美)科温(Corwin)著;李举子,罗理婷译. —武汉:中国地质大学出版社,2016.12

(中国地质大学(武汉)珠宝学院GIC版权引进系列丛书)

ISBN 978-7-5625-3335-1

Ⅰ.①錾…

Ⅱ.①科…②李…③罗…

Ⅲ.①首饰-生产工艺

Ⅳ.①TS934.3

中国版本图书馆CIP数据核字(2017)第015328号

錾花工艺:古代与现代技法

[美]Nancy Megan Corwin 著

李举子 罗理婷 译

责任编辑:龙昭月 谌福兴　　选题策划:张　琰　张晓红　　责任校对:周　旭

出版发行:中国地质大学出版社(武汉市洪山区鲁磨路388号)　　邮政编码:430074

电　话:(027)67883511　　传真:67883580　　E-mail:cbb @ cug.edu.cn

经　销:全国新华书店　　http://cugp.cug.edu.cn

开本:787mm×1092mm 1/16　　字数:314千字　　印张:12.25

版次:2016年12月第1版　　印次:2016年12月第1次印刷

印刷:武汉市籍缘印刷厂　　印数:1—3000册

ISBN 978-7-5625-3335-1　　定价:88.00元

如有印装质量问题请与印刷厂联系调换

译者序

錾花在世界上已有5000多年的悠久历史，至今也拥有着非凡的活力。它是使用一套具有各种基本图形的錾子，通过锤击錾子，使金属表面呈现凹凸花纹图案的一项古老工艺。

根据考古资料，中国商代的出土文物中有大量通过錾花工艺制成的黄金器物。现今，在中国云南、新疆、贵州、四川等地有着较多从事錾花工艺的艺术家，錾花工艺也被很多中国高校引入到了教学中。但在国内缺少从整体角度对錾花工艺进行系统论述的相关图书资料，而本书正是为解决此需求而译。本书将丰富錾花工艺这种古老艺术的表现形式，再现其蕴藏的璀璨艺术光芒。

本书是Nancy Megan Corwin教授从事錾花工艺几十年的理论和实践的结晶，主要介绍了使用錾花工艺中所需要的各种金属、木质、树脂等材料，设备和其他工具，还包括如何建立一个錾花工作室。在准备阶段，不但介绍了各种各样錾子、锤子的功能，还用实例的方式细致地陈述了如何亲手制作錾子和特殊功能的锤子；在具体技法上，通过图形配合文字清晰地呈现了作品操作流程，操作技巧总结精辟，可操作性非常强；另论述了与冲压工艺、滚压工艺、压印工艺、错金工艺和镶嵌工艺等的结合，使得錾花工艺多样性的艺术表现力得到进一步淋漓尽致的体现；本书通过创作的錾花作品去展现著者自身的艺术风格和无尽的创意形式，作品极强的艺术感染力对设计师的创意有着很强的启迪作用；再者，本书通过对国际知名錾花艺术家的介绍及其作品展示，从更深层次和更高层面诠释了錾花工艺艺术表现的神奇魔力，使读者从初学阶段就能与世界大师对话，犹如置身于高级艺术殿堂中。虽然本书主要围绕首饰进行，但有着广泛的应用领域，能够为所有从事金属材料产品设计、制作的学员及人员提供美化产品的方法和技巧，如装饰、器皿及众多的工业品，也能为丰富设计理念和制造出更为美观的产品提供一种崭新的思路。

本书具有很强的技法指导性与艺术启发性，其特色之处表现在以下几个方面。

（1）本书具有相当的国际高度。*Lapidary Journal Jewelry Artist* 高级编辑 Helen Driggs 曾点评本书“非常鼓舞人心，展示了錾花工艺的多种可能性”，让她情不自禁地想要拿起搁置已久的錾子，并认为錾花工艺“是最被低估的、多用途的、直接的金属加工技法”。

（2）实用性强。本书图文并茂，易于理解，通过学习，学员可以自制工具进行作品的创作。

（3）内容丰富。本书不仅有工具的制作、操作技法，还包含部分金属材料的相关知识。

（4）应用范围广。本书可作为教科书、工具书、参考书。不单对首饰设计的学员，理论上讲，对所有从事金属产品生产的人员都有启迪作用，也可为对首饰设计专业有兴趣的人士提供有益参考。

英文原版书的语言通俗易懂，娓娓道来般地介绍了錾花工艺及常见的工具，比较口语化，前后逻辑不够严密。译者在翻译过程中尽量忠实原文，保持了原著的章节顺序和风格。其中，由于第8章前后逻辑着实不对应，在保持原文的基础上，调动了各小节的次序，以使其层次和逻辑更为清晰。

本书的翻译历时一年多，在此过程中，得到了中国地质大学（武汉）珠宝学院领导和同事的热情支持和关心，得到了英文原书作者 Nancy Megan Corwin 和原出版社（Brynmorgen Press）创始人 Tim McCreight 的慷慨帮助，同时也得到了中国地质大学出版社的大力协助，才使本书得以顺利出版，在此一并致以诚挚的谢意！

译者在翻译过程中抱着积极认真的态度，对专业术语、专业语段等反复推敲，力求翻译精准。因水平有限，其中疏漏、不妥之处在所难免。诚望广大同行不吝指正，也盼望广大读者多提宝贵意见，以便日后修正，非常感谢！

译　者

2016年12月

著者序

两次关于金属的经历改变了我的生活。第一次是我得到一个银片并被指导怎样将它敲打成一个碗的形状。我感受着手上这片银片的冰冷、张力和延展性，还有表面的光泽，并对此感到无比的兴奋与激动。我喜欢改变它的形状，将一块平整的银片变形成一个简单的碗的形状。这在我开始操作之前，看起来是不可能的。

第二次经历是在威斯康星大学麦迪逊分校研究生院里，Eleanor Moty 教授给我们班上錾花和锻造工艺课时。又一次地，我被迷住了，并且感觉到认识了这种技术，它可以成为我在珠宝首饰与金属工艺表现上的一种工艺手法。在最开始，錾花工艺看起来是具有魔力的，这正是我一直寻求的与金属对话的工艺手法。有些艺术家们是从一个灵感开始，然后确定最合适的材料来展现那个灵感。而另一些，则是从一种他们喜好的材料和工艺技术开始，然后通过加工处理来得到符合他们审美的作品。我属于第二种，将工具当作我的手指，来感受我和金属之间动态上的交流。

创作这本书是为了分享我认为非常有价值的工艺技术，它就像一本用来练习金属工艺技术的工艺指导手册。除此之外，在创作的同一时期过程中，那些令人兴奋和激动的工艺过程，也用照片的形式提供了一个概览，如今也已经完成。然而，在这里，錾花工艺技术是一次在金属艺术上重生的体验。我的目的是让那些具有基础珠宝首饰制作技能经验和专业金属工艺技能的学生，能够在提高他们对这些工艺技能理解的基础上发现有价值的东西。我希望这里展示的工艺技能可以促进想象力，同时激励新一代的艺术家们去精通这些永恒的工艺技术。一本书的寿命是证明它是否成功的最大依据，因此，希望这本书能够对所有感兴趣的金属工艺者们有长期的帮助。

Nancy Megan Corwin

南希·梅根·科温

柬埔寨的银槟榔盒

华盛顿州西雅图市 Ron Ho 的藏品

前言

除了錾花工艺，还有一些在金属上操作的其他工艺方法同样有着通用性和精细化工艺的特点。有时候，那些作品是具有装饰性图案的浅浮雕，而另一些时候，是艺术家从简单的金属片上反映出一些在人和事物中观察到的抽象图片或故事。金属还可以被加工成轮廓分明的建筑学形状和极好的有机形态（柬埔寨非常出色的槟榔盒子可以证明这个工艺的广泛用途，即便是只运用简单的工具）。维多利亚时期精心制作的餐具、器皿和表壳诠释了当时富有经验的银匠和金匠们运用了同样的工艺技术来展现一种完全不一样的作品。

“Repoussé”（錾凸）一词出自法语，意思是向上或向前推。从语言学上讲，“repoussé”是名词“repoussage”的形容词形式，但是由于“repoussé”这个词同样通用于英语之中，所以我选择了这个词运用在这本书中。对于我们来说，它是形成片状金属的系列方式之一。錾凸可被认为集中在对“体”的产生方面，而錾凹包括了在材料正面所要进行的许多操作，比如敲平、走线、做底纹和把从材料反面顶起的形状整截然。虽然錾凹和錾凸通常都是结合在一起的，但是它们相互之间又都是可以单独运用的。在材料正面所进行的操作可制成錾凹金属片，在其反面所进行的操作则制成錾凸金属片。例如，即使使用了明显而清晰的錾凹手法来美化其外形，大部分维多利亚时期的餐具被视为錾凸品。尽管錾凸手法也可能包含其中，表壳和较小的首饰通常被叫做錾凹品。

錾花工艺具有实用性和激情创作的体征。几个世纪以来，錾花工艺大师曾用錾花工艺技术来创作重要宗教或神话故事中的代表性人物形象。在更实际的用途方面，它被用于镶嵌贵重宝石和在金属铸件上精细加工。

随着时间的流逝，錾花的工艺技术几乎没有发生变化。现如今的工匠们通过敲打金属来创造作品的造型和细节，这和以前的工匠们是一样的，并且全世界的錾花工艺师们都运用相似的材料工具。锤子有节奏地敲击工具的声音已成为享受整个工艺过程的一部分。不久,手和工具就融为一体。金属的大概轮廓和细节早已在工艺人的大脑和眼睛里成型。

当代金属工匠们继续在传统和非传统方面应用着这个工艺技术。许多艺术家在内容和审美方面的自由度,使得这个工艺变得现代化。这种新与旧的结合,就是我激情的源泉,也是为什么我从未停止去尝试以新的方式运用錾花工艺来设计和操作处理金属。

Lucent Terrain

制作:David Huang

材料:铜、银925、23K金叶子

尺寸:2.75英寸×3.25英寸×3.25英寸(1英寸=0.0254m)

拍摄:David Huang

目录

1 材料、工具和工作室 …… (1)
1.1 在开始前需要知道的 …… (1)
1.2 錾花工艺的安全须知 …… (1)
1.3 錾花工艺对金属材料的要求 …… (2)
1.4 錾花工艺的錾子 …… (8)
1.5 改进商业錾凹錾 …… (14)
1.6 锤子 …… (16)
1.7 建立工作室 …… (18)
1.8 其他设备 …… (19)
2 沥青及其应用 …… (23)
2.1 沥青的组成 …… (23)
2.2 盛放沥青的容器 …… (25)
2.3 使用沥青进行錾花操作 …… (31)
3 錾花基础 …… (33)
3.1 格言:欲速则不达 …… (33)
3.2 錾花的步骤 …… (40)
4 不用沥青的錾花工艺 …… (65)
4.1 钢块和铁砧 …… (65)
4.2 简易浅浮雕设计 …… (66)
4.3 铁马 …… (68)
4.4 木材 …… (70)
4.5 低温热塑塑料 …… (71)
4.6 橡皮泥(油性黏土) …… (72)
4.7 錾凹无支撑金属工件 …… (73)
4.8 折叠成型与錾凹 …… (75)

5　构建空心首饰 …… (77)
5.1　用平的金属片垫底 …… (77)
5.2　焊接平板形成空心件 …… (79)
5.3　镜像空心件 …… (80)
5.4　焊接镜像空心件 …… (83)
6　压模成型工艺和滚印工艺 …… (87)
6.1　使用液压机进行錾凸操作 …… (87)
6.2　使用矩形模具进行錾凸操作 …… (87)
6.3　使用美森耐纤维板模具进行錾凸操作 …… (90)
6.4　滚印工艺与錾花工艺 …… (93)
7　基础进阶 …… (97)
7.1　扩充和完善技术 …… (97)
7.2　锤子也可当錾子 …… (97)
7.3　无走线錾凸 …… (99)
7.4　由上至下的錾花工艺 …… (101)
7.5　双面錾花工艺 …… (102)
7.6　在空心件上进行錾花操作 …… (103)
7.7　建立工作室和准备工具 …… (105)
7.8　填充空心件 …… (106)
7.9　空心件的錾凹 …… (107)
7.10　在手镯上錾花 …… (112)
7.11　錾花镶嵌宝石 …… (116)
8　錾子的制作 …… (121)
8.1　使用钢材制作錾子 …… (122)
8.2　使用非钢材料制作錾子 …… (134)
9　特色艺术家 …… (137)
9.1　Candace Beardslee …… (137)
9.2　Lucinda Brogden …… (140)
9.3　Nancy Megan Corwin …… (142)
9.4　Garri Dadyan …… (144)
9.5　Catherine Grisez …… (146)

9.6 Rocio Heredia ······ (147)
9.7 Jim Kelso ······ (150)
9.8 Marcia Lewis ······ (152)
9.9 John Marshall ······ (154)
9.10 Linda Kindler Priest ······ (156)
9.11 Leonard Urso ······ (158)
9.12 Valentin Yotkov ······ (160)
10 作品展示 ······ (161)
11 附　录 ······ (175)
11.1 日式錾凹錾 ······ (175)
11.2 錾子的制作过程 ······ (175)
11.3 单位换算表 ······ (179)
11.4 常见金属和合金 ······ (180)
11.5 硬化和回火 ······ (180)
致　谢 ······ (183)

材料、工具和工作室

1.1 在开始前需要知道的

在尝试錾花工艺前，基础的珠宝和金属工艺知识是非常有用的。錾花人需要知道怎样对有色金属进行退火处理。焊接技能能辅助錾花人完成那些有连接物的设计，例如将耳钉针焊接在平整材料的背面。如果錾花人已经知道怎么制作一个器皿，錾花将使得这个器皿的造型更加富有层次感，图案更加精致。尽管这本书不会教錾花人如何运用水压机，但是如果錾花人曾经使用过这项工具，这些经验会帮助他在制作的过程中应用压力去重塑和改进传统的錾花工艺。

1.2 錾花工艺的安全须知

遵守工作室的安全制度和基础的专业知识是学习任何一项新工艺的重要安全保障，常识也是保证安全的重要方面。此外，关于常识的继续教育可以帮助强化工作室安全的理解和执行。例如，使用电动工具的常见警示为：一定要将头发扎在脑后、佩戴护目镜；在金属加工过程中，如有需要，请正确地佩戴口罩。

在对热材料进行加工时需要佩戴护目镜或安全眼镜，在运用高温火枪时需要佩戴深色眼镜。在锻打或者操作高温金属时，需要穿上围裙（或者棉制衣物）和不会露出脚趾的鞋子，还需要佩戴好防护眼镜。需要准备一碗水放在旁边，万一手指粘有热沥青时可以迅速放入水中冷却。在錾刻工艺过程中，佩戴护目镜可以保护眼睛不会受到飞溅沥青的伤害。在用铁锤敲打铁质工具时，耳塞会是一个不错的选择。

工作室的大小和位置、实际工作区域的大小决定了在使用沥青的时候是否需要特殊的通风设备。如果无法通风，使用手边的口罩避免危险。首要的原则：如果能闻到沥青的气味，说明没有使用合适的口罩或者有效的通风设备。确认工作室配备了最新的灭火装置，并放置在需要时能够迅速且有效获取的地方。还有一点必须注意：任何一个运用焊枪的人应该知道，氧气和任何油类是不可以直接相互接触的，油和氧气混合在一起将会引发爆炸。在錾花工艺中，我们偶尔会用到矿物油，所以以上注意事项对我们也是适用的。

錾花工艺中，如果手臂和手用力不当，会产生肌肉劳损，以下是一些基本的提示来避免这些伤害。

- 避免过分用力使用工具，不要让手和手臂处于紧张状态。
- 每 10～20min 休息一次，来放松手臂和伸展手指。

• 錾花工艺操作过程中不要驼背。保持肩膀放松，背部挺直。

• 弯曲臀部。

进行錾花工艺时，加工者通常是坐着进行，并且通常会持续数小时，背部姿势不当常会造成肌肉劳损，本书第 3 章提供了一些在錾刻过程中不伤害背部的具体建议。这些建议可以帮助如同笔者一样，希望一天 24 小时都在进行这项工作的人，也可以帮助那些即使到年迈时还希望继续这些工艺的狂热爱好者。这些建议的本质就是放松。

1.3 錾花工艺对金属材料的要求

常温状态下錾花工艺一般选用有色金属，例如普通的铜、贵重的金和银等。处理这些金属的操作流程和注意事项是类似的，但是如果处理的金属是钢，錾花工艺的很多细节和流程就需要改进，这些细节和流程庞杂到写一本书也不为过，所以这里并没有涵盖这部分内容。总而言之，为了达到最好的效果，了解不同金属的性质是非常重要的。

1.3.1 铜及其合金

铜(Cu)是一种纯金属，它是黄铜(铜锌合金)和青铜(铜锡合金)的主要成分。纯铜是錾花工艺的理想材料，它有非常好的可塑性(或者“软”)，也能够在退火处理中反复塑形。铜的低成本、优美色泽和易获得性使得它成为錾花工艺艺术家们入门练习的不二之选。

以马提斯为生的寄生虫

制作：Lucinda Brogden
材料：青铜，青灰色板岩
尺寸：17.5英寸×14.5英寸，中间部分为10英寸×8英寸
拍摄：Lucinda Brogden

黄铜中铜的含量越高，延展性越好。含锌量超过 30％的黄铜因硬、脆、过度加热容易收缩的特性很少会应用在珠宝中。青铜在现代的使用中通常被错误地称为黄铜或者硅青铜(一种主要成分为铜、锡、硅的合金)。这种模糊指代会使金属工艺的学徒感到一些压力，因为传统的青铜具有很好的延展性，但是硅青铜或者其他现代青铜，如同钢一样，延展性较差。还有两种材料在批量化工业生产中很容易找到，同样适合用于加工的黄铜是 Nu－Gold 和商用青铜。Nu－Gold(Nu 是希腊字母中第 13 个字母)是一种拥有很好工艺性能和黄金一样颜色的黄铜合金，是由 88％的纯铜和 12％的锌融合而成。商用青铜主要成分和 Nu－Gold 一样，但是它的铜含量为 90％，锌含量为 10％。

1.3.2　银及其合金

古代的人就已经知道纯银。它是一种漂亮且柔和的白色金属，具有耐晦暗、柔软和易加工的特性。然而，如果纯银加工次数过多或者加温过度，它的表面会出现裂纹或产生类似橘皮的纹理。纯银和纯铜一样还有另外一个缺点，那就是它在很细或者很薄的时候易弯曲、非常的柔软，例如仅 0.511mm 厚时。虽然它可以加工硬化，但是最终还是无法达到银 925 一样的硬度，而且一旦被加热，它仍然会变得像黄油一样柔软。当最后一步是加工硬化时或者设计中涉及了大量金属片的变形(顶起、折叠和褶皱)时，将纯银用作錾花材料会是非常成功的选择。

几百年前，人们就发现在纯银中添加少量铜生产出来的合金材料很好地保留了大部分纯银的金属性能的同时还提高了它的硬度。这种混合物被确定为含银比例为 92.5％，同时也被称为标准银(银 925)。

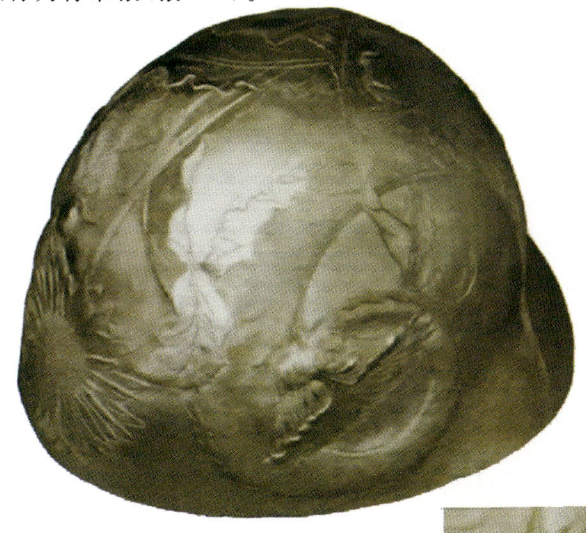

头盔(右下为局部细节图)
制作：Cathering Clark Gilberston
材料：银925
尺寸：8英寸×10英寸×6.5英寸
拍摄：Eric Tadsen

银 925 比纯银硬度明显强。这是一种非常适合用于制作錾花工艺的材料，因为它可以很好地完成工艺上顶起和成形，同时能够被强化形成清晰的錾花外形，这意味着它能很容易塑造并维持精致的细节，甚至在 0.511～0.643mm的厚度范围内都能够保持硬度。银 925 最大的缺点是它倾向于形成一种火蚀内部氧化点。当在有氧环境中进行退火和焊接时，它会在合金内部形成，是由铜氧化物构成的一种结构。这种现象会让金属表面出现灰色的斑点，甚至渗透到金属里面。去除方法只能靠抛磨表面，但抛磨表面的同时伴随着錾凸轮廓被除掉的风险。艺术家们在用银 925 加工时会用到具有保护效果的助溶剂来尽可能地减小氧化，同时在加温时将温度尽量控制在需要的范围内。

Argentium 标准银

Argentium 标准银是一种有专利权的银合金，它是 Peter Johns 教授 1996 年在英国的密德萨斯大学发明的。这种合金的成分主要是标准纯银，其中含有至少 92.5%的纯银，剩下的是铜和微量的锗。当这种金属加温时，锗会比铜和银先氧化，可防止金属内部产生氧化亚铜（火蚀的主要原因），并且锗氧化物会形成透明的保护层来减少空气中晦暗硫化物的形成。

瓶

制作：Davide Bigazzi
材料：纯银
尺寸：4.5英寸×7英寸
拍摄：George Post

Argentium 标准银是非常好的用于制作錾凸工艺的金属材料。只要退火和淬火时间恰当，它的硬度比标准银明显要软。它很容易被塑形和产生纹理。在两次退火处理间的錾凸工艺中，同样约 0.4mm 的 Argentium 标准银錾刻时间可以比标准银更长，这让Argentium标准银在断裂之前可以有更大的伸展性。事实上，热硬化这一特性使Argentium标准银成为制作薄件作品时的一个实用选择。它的颜色比标准银要白一点，这种颜色有可能不被大众所喜欢。

1.3.3 金及其合金

不可否认的是，黄金是一种贵金属，它除了漂亮的颜色和极好的抗氧化性外，还是最易于錾花的金属。纯黄金有很好的延展性，事实上，这种质地使得它在正常佩戴中容易被磨损，因此自古以来，黄金通常和纯铜或者纯银一起被制成合金材料，以使其在实际使用中足够坚硬，同时又能保持纯金的色泽。有一个系统用来描述金合金，它把合金分为24份(每一份为1K)，K用来描述黄金在合金中的比例。如果24份合金中有12份是纯黄金，这个合金中黄金所占比例为50%。在美国最普遍的这种金合金是14K(含有58.5%纯金)和18K(含有75%纯金)。这两种含量的金合金都很适合用于錾花工艺。

除了改变韧性，合金材料也被用于改变黄金的颜色。如果加入较多的纯铜，黄金的颜色会出现粉色调，同时变得更容易錾刻。像铂、钯、镍等白色金属通常使金合金难以进行錾花工艺。

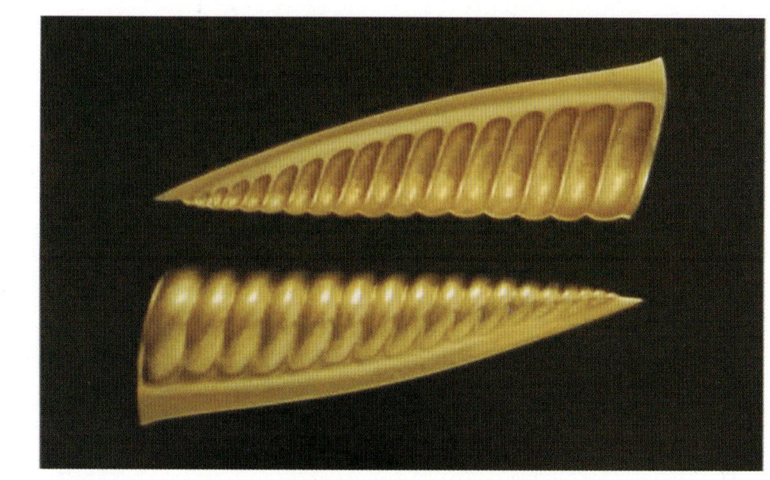

两个胸针
制作：Kate Case
材料：18K金
尺寸：长3.3英寸
拍摄：Kate Case

1.3.4 钢

软钢，又被称为低碳钢(碳含量≤0.3%)，是可以进行焊接的金属，同时在加热时容易锻造。它可用于装饰铁艺，也适用于钢建筑。软钢可以进行退火处理，把它加热到桃红色然后缓慢冷却。它同样可以像有色金属一样进行加工，但是在室温条件下加工，它容易变硬且不易塑形。因此，钢相对于延展性更好的金属，需要更大的冲击和锤打才能塑形。

1.3.5 特殊金属

1. 木纹金属

木纹金属不是金属，而是一种由有色金属熔融层形成的层状体，层状体通常由纯银、红铜和一些黄铜组成。熔融和锻造的木纹金属很适合进行錾花工艺。

钢的精细锻造和成形
制作：Kirsten Skiles
拍摄：Kirsten Skiles

2. 银铜合金($Cu_{66.7}$、$Ag_{33.3}$)和金铜合金

使用这些传统日本合金的原因是因为它们通过做绿工艺形成特殊颜色。银铜合金是一种由铜和银按3∶1的比例配制而成的合金；金铜合金就是一种金和铜按照一定的比例配置的合金。它们都适用于錾花工艺。

红豆叶
制作：Jim Kelso
材料：铜、银铜合金、金铜合金
尺寸：2.75英寸
拍摄：Jim Kelso

3. 双金属材料

这是一种将片状22K或18K金熔合到标准银基底板上所形成的加工制品材料。只要它表面的黄金层有一定的厚度，便可以用錾花工艺进行加工。笔者曾经在金片厚度为0.511mm的双金属材料上成功地完成了这个工艺，尽管成品的浮雕高度有限并且退火频率也有限制。

包金金属实际上是双金属材料的一种特殊类型，但是这种金属表面的黄金层太薄，很难进行退火处理，因此在錾花工艺中一般不会用到。

4. 铝

铝(Al)是地壳中存储最丰富的金属。它是一种银色、易延展、抗腐蚀、在高纯度状态下柔软的金属。找到高纯度的铝不是一件容易的事情，所以笔者曾经用5052和6061系列合金来进行錾花工艺。5052合金中含有2.5%的镁和0.25%的铬。6061合金中含有1.0%的镁、0.6%的硅、0.25%的铬和0.25%的铜。这两种金属都比纯铝要硬很多，所以加工前要经过好几次的退火处理。铝是一种轻质金属，并且在錾花工艺之后能持续拥有漂亮的灰色。在使用沥青时，最好用擦拭的方式代替烧灼以去除表面的残留。

带扣

制作：Trudee Hill
材料：铝、铜和青铜
尺寸：4英寸×5.5英寸
拍摄：Trudee Hill

5. 铌

铌是活性金属的一种，活性金属还包括钛和钽。在经过阳极处理之前铌是蓝灰色，这种颜色看起来宽阔而充满活力。在普通工作室里它不能进行退火处理(活性金属只能在真空中进行退火)，而且在退火之后它需要很长的时间才会逐渐变硬，因此在它变硬到需要再次退火之前，艺术家有足够的时间可以进行加工。铌是一种柔软易延展的金属，因此它可以在沥青、低温热塑性塑料或者木头里进行錾花处理。铌可以通过加温改变颜色，但是大多数人却更喜欢运用可预期的、精细的阳极氧化来进行成色。用电流通过悬挂在溶液中的金属，不同的电解程度会形成不同程度的氧化层和不同的表面颜色。如果准备将铌阳极氧化成色，当它还在沥青上时，千万不要对它进行加温处理。

阳极氧化的铌作品

1.3.6 退火处理

晶体的形状、大小和排列组成了金属结构的同时决定着它弯曲、伸展、折叠和扭曲的能力，所有这些变形都会使得大的晶体破碎为更小的晶体，同时降低金属的可塑性。幸运的是，我们能够使用退火处理使小晶粒群通过重结晶形成大的晶粒而重新获得延展性。这种单一的方法能够让我们把金属片卷成管状，把钢条模冲成勺子，还能创造出你在本书中所看到的可爱工艺作品。

每一种金属或者合金材料都有自己特定的退火温度，但是对于传统首饰金属，退火温度判断的基本原则是将所需部位加热至在微弱的灯光下呈现暗红色(标准银是粉红色，Argentium 标准银是非常模糊的暗粉色)。达到这个效果最好的方法是在加热过程中使用移动焊枪，用散火加热物件以使其均匀受热。特别是在錾花工艺过程中，要避免局部过热或者局部温度不足所导致的金属不均匀形变。让金属在退火状态中保持几秒，当熔融金属的红色减弱时即可置入水中进行淬火处理。如果将烧红的标准银迅速放入常温水中，经錾花形变率大的标准银会发生断裂。Argentium 标准银甚至更加脆弱。

1.4 錾花工艺的錾子

钢錾:在铁中混入少量的碳就可以生产出钢来。用来进行錾花工艺的钢制錾子含碳量一般在 0.5%～1.5%之间，这样的一个碳含量范围使得钢制錾子具有足够的硬度和韧性。具体操作过程的细节会在本书的附录部分中展开，这里，我们要阐述錾子本身。

大部分錾花工艺的錾子是由圆柱体或者方柱体制得的，但是笔者特别喜欢的一些錾子是矩形或者六边形的。这些不同横截面的柱体或不同等级钢材的工具在市场上很容易购买到。大部分工具都是经过油淬火(O1)和水淬火(W1)，还有一些在工业处理中常见，但极少被艺术家们用于空气淬火(A1)。标记中的“1”表示材料中含有 1%的碳元素，这个数值表示工具中碳的理想含量。在这 3 种淬火方式中，油淬火的钢材是被运用得最广泛的一种。

不同规格和形状的錾柱

大部分錾凹錾的柱体尺寸在0.25～0.5 英寸之间。錾凸錾柱体尺寸要大些。錾花錾的长度取决于制作过程(不论錾子是要在金属表面来回运动还是保持垂直的印刻)和操作区域的大小。操作者手指的长短也会影响錾子长度的选择：太短的錾子会让手指或者手产生痉挛；太长的錾子则会很难操控。錾子可以是两端横截面一致或者由中间向两端逐渐变细，这也是日式錾花錾的一个传统特征。流行的日式錾花錾通常非常的小，而且能买到钢柱体，它们可以被加工成能够想象到的任何形状的錾头。

1.4.1 錾凹錾

1. 线錾

线錾有直线錾和曲线錾两种。

直线錾通常用来在金属上刻画深凹的线条且不会将金属切断。这种操作的结果是金属的背面出现凸起的线条。某种意义上，直线錾对錾刻者的意义就好像铅笔对于画家的意义一样。錾头逐渐变细成为一个楔形，以易于看清工作区间。制作錾头的第一步是将錾头整锋利，然后用砂纸将锋利边缘打磨圆滑，这样錾头就不会錾穿金属。一套完整的直线錾有不同的大小和规格，以适应不同的操作要求。侧面宽的直线錾被用来高效地錾刻长直线条，侧面窄的直线錾被用来錾刻短线条和切弧线。

直线錾最常见的用途是在金属正面勾勒出图案的轮廓，在金属背面錾出设计纹饰的凸线条。它们也常被用于表现阴影和各种装饰性纹理或设计，也被用来錾切金属下端来制造一种金属被折叠或者叠加的错觉。在第 3 章中，我们将会学习如何运用不同的直线錾来创造这些效果。

曲线錾有着和直线錾相似的錾头锋利度，但是它们沿着不同的半径弯曲。像直线錾一样，曲线錾也有很多不同的尺寸。曲度小的曲线也可以用直线錾錾出，但是随着曲线的曲度变大，就非常有必要使用曲线錾。

直线錾和曲线錾都可以用做压印，垂直击打錾子尾端便可在金属表面留下想要的形状。

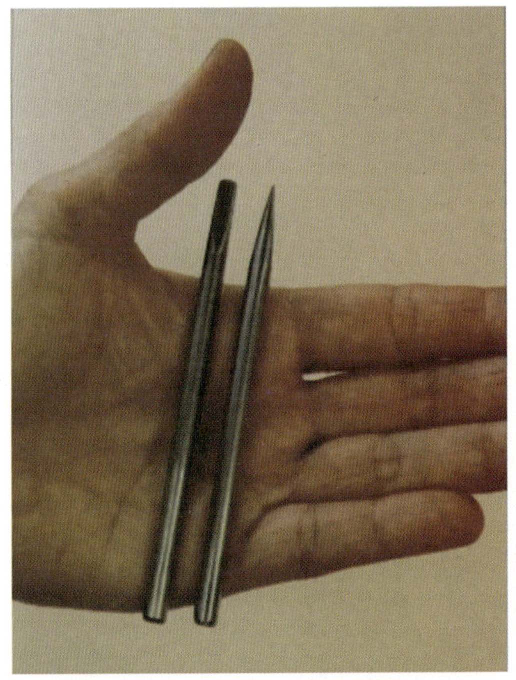

直线錾是最常用的錾凹錾，它们在金属片上相当于铅笔在纸上一样，可以刻画线条、图案和肌理

从金属侧面看，由线錾錾出的凹线横截面

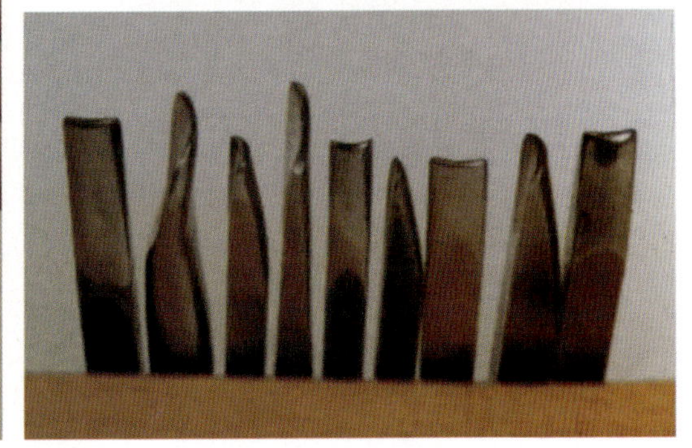

部分曲线錾

2. 慢錾(宽线錾)

这种錾刻工具看起来像线錾但有着宽的錾刃。它们用来在金属正面或者背面制作稍微宽圆的各种压痕。

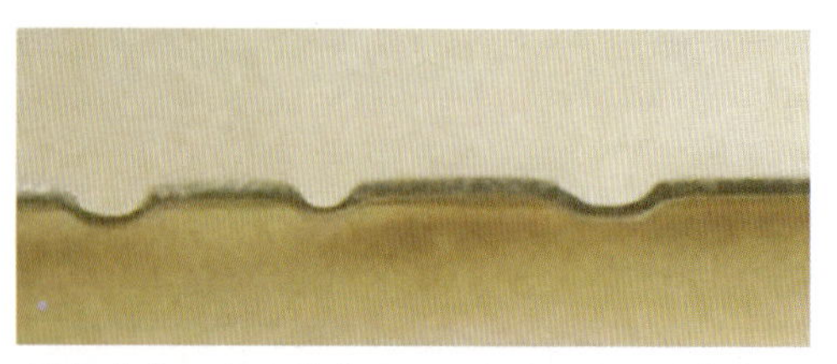

慢錾产生凹线的横截面。注意对比它和线錾产生凹线的边缘陡峭程度

3. 肌理錾

肌理錾能够极大程度地增加金属表面肌理和背景效果。本书附录部分详细地介绍了如何在錾凹面上錾出肌理效果。

不同大小和形状的慢錾，用胶带缠绕起来以便更容易抓取和使用

许多五金店和首饰工具供应商都售卖有种类繁多的肌理錾。例如套钉，它们一般是钢制的，顶部有不同的曲线图案和不同的尺寸，当它们轻钉在木制品表面时就能制成美丽的图案痕。心冲是一种有着锋利或钝的尖端的钢柱，它可以用来创造出各种各样带有中心凹点的纹理。用心冲从正面加工就能产生装饰性的图案，当从背面加工时就能产生凸起群。自动心冲是一个用弹簧顶住的顶针装置，对于制作同样厚度的凸起，它会比普通心冲方便许多。不论是普通心冲还是自动心冲，它们的尖头磨损后可以用磨石、砂轮或者砂纸打磨，以便延长使用期。木头或者金属柄的凿子也可以在金属表面刻画出窄而深的线条，进一步打磨凿刃可以将它转换成成型工具。

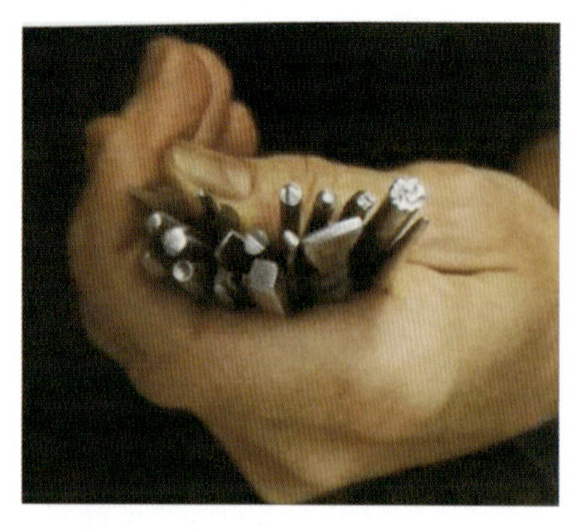

肌理錾被用来反复击打金属表面以产生有规律的纹样。肌理錾的纹理可以是现成的，也可以是在普通五金店的工具上即兴创作出来的

4. 底纹錾

底纹錾可用来创作精细的、大面积连续的肌理背景效果，而不是可以辨认的单一图案。用这些工具可以创造出柔和的、具有磨砂效果的表面肌理，用来掩盖表面的浅痕。这种工艺是在錾花工艺中被发展出来的，通常用于处理整个背景肌理。底纹錾可以购买成品，也可以在工作室中制作；一种常用的方法是将钢柱退火后，通过在锉刀上敲打获得。

5. 冲印錾

冲印錾和錾凹錾不同，它可以在金属表面压出压印头上的完整图案。冲印通常在表面坚硬的金属上进行，例如钢铁。这样会使金属的正面留下一个边缘清晰且准确的印记，同时保持金属背面的平整。在沥青上冲印时，材料会产生柔和的图案，与此同时，材料的背面会有相应的凸起。

不同底纹錾及其产生的纹理

顶部图案为字母和数字的冲印錾是人们最熟悉的，它们大多能够在五金商店购买到。而珠宝工具供应商通常出售的是一些常见图案元素的冲印錾，很多都是借鉴印第安元素。大多数的錾花錾都没有锋利的边缘，但是冲印錾通常能够通过在金属表面留下凹陷的压痕而得到清晰的边缘。市面上出售的錾凹錾在刚买回来时通常太过于锋利，需要在使用前进行打磨。未经打磨过的錾凹錾，更适合称之为冲印錾。

冲印錾能够用来制造单独的印记或者通过叠加形成肌理和图案

这些外形相似的錾子可以用于肌理冲印，购买后通常不需要经过任何加工

6. 压錾

“压”就是折叠、整平和向下推的过程，造成低处的背景部位向下推，从而形成高处的部位浮于背景之上的错觉。这是一项重要的技术，更重要的是，它能体现金属的弹性。每个錾花艺术家压錾的形状都不尽相同，通常都是艺术家们为达成某种特殊的效果而制

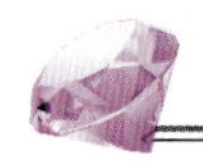

作的。在凸出的顶部使用压錾可将图案的边缘压低使之具有立体效果。

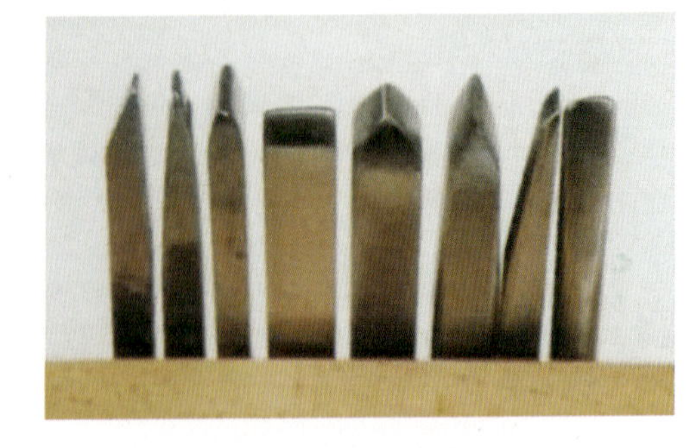

各种不同类型的压錾

7. 整平錾

整平是一种通过使用錾头表面平滑或者有轻微弧度的且抛光光亮的錾子敲击金属表面来使它变平滑的过程。根据不同型号、尺寸的整平錾，压平后的金属表面可以是没有压平痕迹的（只留下镜面光），也可以是拥有小平面构成的精致肌理。整平的过程使得金属表面变硬，基于这个原因，整平应该被放置在錾凹件工艺工序的最后一道。

冷沥青、钢桩或者是硬质塑料等坚硬的材料作底衬可以帮助金属中整平的实现。实际操作中，笔者常运用整平錾精细地改变外形或将一种肌理改变成另一种。整平也可以用于图案的边沿，使其边缘图案棱角更加清晰。

1.4.2　錾凸錾

錾凸錾是用来使金属从背面向正面形成凸起图案的工具。它们不会被用于錾凸出锋利边缘或细致造型。

錾凸錾的錾头通常是圆形的或者拥有圆滑的边缘（例如方形的看起来像方弧形）。錾凸錾的杆常常比较粗。錾凸的工作面外形常常像泪滴形或球形等特殊的形状。

上：一套整平錾；下：整平錾被用来平滑图案表面并且增加图案边缘棱角从而使得图案更加清晰

錾凸錾的錾杆质量差别很大，錾头的尺寸和形状也各式各样。虽然它常用于凸起图案的制作，但是有些设计师也将它用于凹陷纹样的制作。

窝冲錾也能够当作錾凸錾使用。笔者使用小尺寸的窝冲錾和大尺寸的窝冲錾的频率差不多，所以笔者推荐最好能买一整套窝冲錾。使用过程中，保持工具顶部形状的完整性非常重要。因为窝冲錾上的凹坑和凹槽这些瑕疵都会反映在所錾刻的金属上。

錾凸錾可以由钢材、木头或者青铜制成，甚至是像聚甲醛树脂和尼龙一样的硬塑料也可以。所运用的錾子是根据要塑造的形状和图案的材料来选定的。

开始时，窝冲錾只能够用来做錾凸外形，但是随着錾花人的进步，錾花人也许会想拥有真正的錾凸錾(在图片正中央单独的那一个)

木头和塑料材质的錾凸錾

1.4.3　塑形錾

塑形錾有着圆滑的边缘，用于塑造金属两面的形状。它可以塑造很多形状，例如椭圆形、梨形、泪滴形、方弧形、长方形、三角形和菱形等。

一套塑形錾

1.4.4　小凿子和雕刻刀

通过削出小的金属卷(如从槽中削出)或是直接切开凿子可以切割金属。如今，凿子的使用范围较窄。在古代，凿子在金属加工中是被用来当作剪刀或锯子使用。尽管凿子从传统上讲并不作为錾刻工具使用，但是凿刻通常是錾花人使用相关錾刻技术的一项重要选择。凿子与錾凹手法相结合而刻画出的精细线条和肌理能清除缝隙中的多余焊药，以备嵌入金属线或片。

雕刻刀是一种锋利的手持工具，它可以让艺术家在金属上雕出装饰性的凹槽和镶嵌宝石的镶口。我们可能最熟悉的是在珠宝、表壳和奖杯上雕刻的大写字母和情感表达。跟凿子类似，雕刻刀也不是传统的錾花錾，而是用来清除錾凹和冲印过程中产生错误痕迹的绝妙工具，而且还能增加细节。正因为它们有着众多不同的形状和尺寸，雕刻刀能伸入设计品的最小褶缝处和各种奇形怪状区域中使用。精通文字雕刻需要很多年，但是将雕刻刀与錾花工艺结合使用的难度却并不高。

雕刻刀的一端通常被镶嵌在圆形的木头把手里，另一端被磨石打磨得很锋利

一套硬钢凿子(俗称“雕刻刀”)

1.5 改进商业錾凹錾

如前文所提到的，錾凹錾通常在工作面上有着锋利的刀刃，但如果太锋利了，在加工过程中，它会切开而不是推展金属，所以这些錾子在使用前应该钝化其刀刃。

商业用的錾子都已做过硬化和回火处理，想要保持其最好状态必须避免錾子陡然过热。手工打磨是一种避免产生过度加热的好方法，但是硬钢是一种坚硬的材料，打磨需要花费很长的时间。正因为这是一个最安全的方法，很多人为了确保成功率都愿意接受这种慢慢来的做法。可以用电动打磨机来加快錾子边缘的减钝，比如说砂带磨光机或装有小砂盘的吊机。无论在什么情况下都要在机器旁边准备一点水，打磨几秒钟就把錾子蘸水冷却一下。然后在继续打磨之前要擦干錾子，因为水会让砂带变软而导致其破裂。

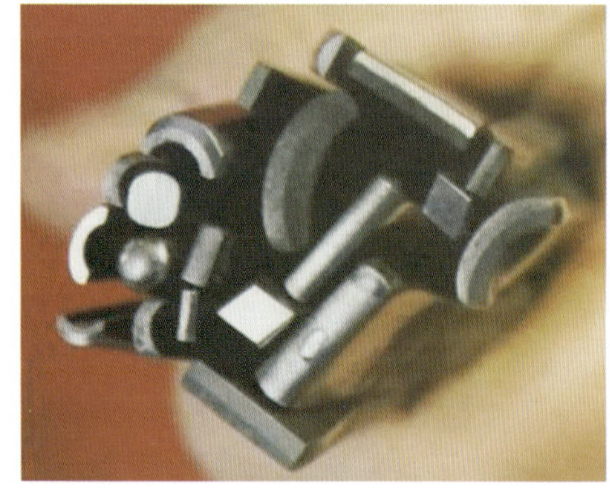
这是一套全新的商业錾凹錾，使用它们很容易切穿金属

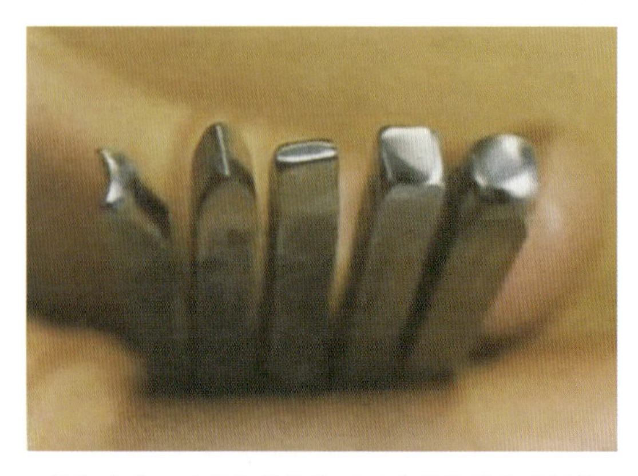
经打磨后，刀刃被减钝的,可以直接使用的硬钢錾

如果看到钢上有变红的情况，这表明它已经过热了，千万不要等到开始变红才想到要冷却它。重复上述打磨—蘸水—擦干的步骤，直到工作完成。水溅到钢上的防护部分会导致它们生锈，所以使用完后，要对电动工具进行清洁。最适合清洁的设备是带自动滴水功能的湿砂机，水溅在工作区能防止金属过热。最终完成品的表面应该相当于被600号砂纸抛磨过。如果有需要，可以使用硅藻土或者钢铁抛光剂在软革上进行抛光来获得光亮表面。

装有砂纸锟的吊机

装有小砂盘的吊机

砂带磨光机

圆盘磨光机

音轨

制作：Catherine Gilbertson
材料：纯银
尺寸：9英寸×8英寸
拍摄：Jim Wildeman

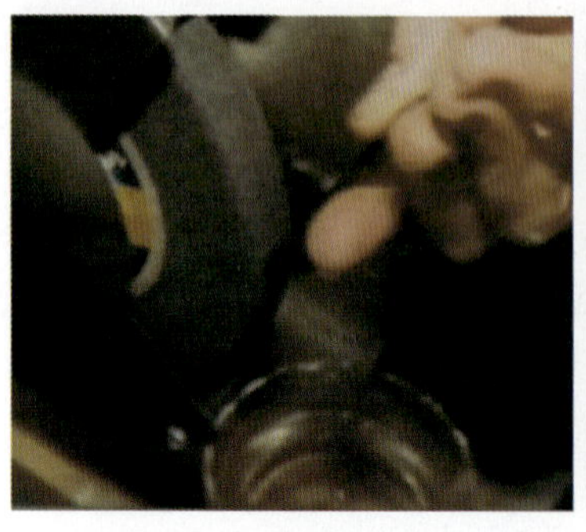

(a)接触

(b)蘸火

(c)錾顶出现蓝色

当使用电动工具整形錾子的时候，一定注意不要让钢制錾子过热，使用图(a)和(b)的正确操作顺序，如果錾子的顶端出现了如图(c)中显示的蓝色，说明錾子已过热并使回火失去了作用。为了防止电动工具金属外壳生锈，请记得让马达和防护装置保持干燥

1.6 锤子

1.6.1 錾凹锤

西式錾凹锤的锤头形状独特，有着与其比例不匹配的巨大锤面。它可以帮助錾花人将视线集中在加工处，而不用担心錾锤击打不到錾子上。有些锤子带有曲面，但笔者更喜欢平面的，因为它能防滑并方便连续地击打錾顶。锤顶为球形的錾凹锤能够用于制作纹理、錾凸和铆接。

錾凹锤有不同的质量和锤面直径（用毫米来表示），笔者喜欢用两种锤子：一种是质量中等的锤子（锤面直径在 28～30mm 之间），另一种是重锤（锤面直径为 32mm）。也有一些人喜欢轻锤（锤面直径为 24mm），用来在薄金属上做精细的加工，但不是所有人都觉得有这个必要性。最好在购买锤子之前先试用一下，高价和低价的锤子之间有着很大的差别。昂贵锤子的锤头往往更均衡，把手也会使用高质量的硬木。如果锤头好到足够让人舍得花力气和时间，并且不嫌麻烦，也总可以用好的锤头、便宜的锤柄来组装。

錾凹锤的锤柄必须结实、轻巧、有弹性。山胡桃木是在传统上一种用来做锤柄的材料，其他果树像苹果树、梨树、樱桃树的木材也用来做锤柄。锤柄的中部较窄，使得锤头在工作中易于落到錾子上，不仅提升了击打时的控制感，还能使手和手臂更省力。锤柄被握区域常为球形，根据使用者的喜好，握柄的具体外形有多种选择。很多人喜欢手枪式握柄，而笔者喜欢椭圆形的握柄。如果握柄的端部不是很舒适，可以用锉刀或砂轮打磨到让人觉得舒服为止。

一般来说，最好的錾凹锤产自德国，但其他国家的錾子质量也在提升，而且价格常常便宜得多。因为錾凹锤要伴随人的一生，从这个角度来看，买最好的錾凹锤也是值得的。

日式錾凹锤一般设计得要小、要轻一些，常与小而轻的日式錾凹錾和凿子一起使用。这些锤子的把手是直的，把手的长度取决于锤头的质量。这种设计使得锤子在击打中有着很好的平衡感。非常好的日式锤子有很多，但笔者唯独喜欢用自己的。

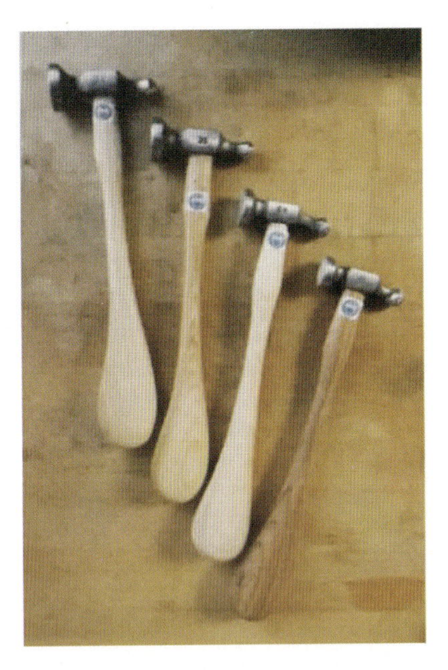

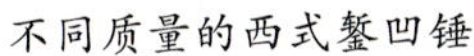

不同质量的西式錾凹锤

日式錾凹锤

1.6.2 软质锤

按定义来说，软质锤是一种外形像锤子的工具，它可以使金属形变但不减薄。几个世纪以来，人们使用木头、动物的角和皮等来制作它们。皮包裹的软质锤在錾凸中使用很多。尺寸大的软质锤质量惊人，能吸收钢铁的击打却不会反弹。

1.6.3 錾花工艺中使用的其他锤子

窄球锤，也叫机械师锤，是一种普遍、廉价的钢锤，它比錾凹锤稍重，但锤面要小。牢固的锤柄使得它在常规使用和冲印工艺中非常顺手，但进行錾凹则显得很笨拙。很多人一开始就会用到这种锤子，因为在他们的工具箱里就能找到。窄球锤对刚开始接触錾凸工艺的新手来说很有用，它的质量和坚硬度能较快地使金属形变而变凸。对笔者而言，笔者喜欢将老式窄球锤加工成肌理锤。

双面碗

制作：Tom Muir
材料：银925和铜
尺寸：直径6英寸
拍摄：Tom Muir

1.6.4 塑料

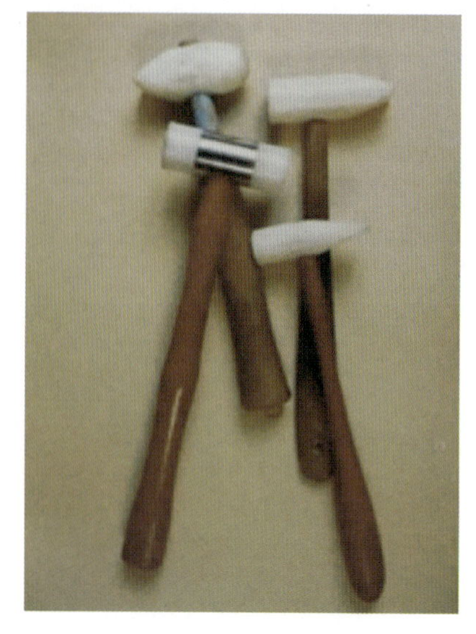
各式各样的塑料软质锤

某些特定的塑料在錾凸工艺中既可以当作工具也可以当作锤子来使用。聚甲醛树脂就是一个好例子：它很硬但不脆。另外适合做工具的塑料包括超高分子塑料和尼龙。并不是所有塑料都适合做软质锤，因为这些类型的塑料易碎，例如丙烯酸树脂。

片状和棒状的塑料应用广泛，它们能够被切削为任何形状作为工具或者用于制作软质锤。塑料锤在塑形过程中不会消薄金属。它们能够在一些软的金属（例如铜）上面留下加工痕迹，但是这些痕迹通常较浅而容易被去除。另外，塑料锤有个不足：由于塑料比钢要轻，它不能快速地加工金属，只能缓慢进行。

1.7 建立工作室

1.7.1 通风

錾花工艺包括使用沥青、退火、焊接、制作钢和塑料工具等过程，所有这些过程都会产生灰尘和烟气。一个设计得好的工作室必须要有好的通风系统，在排出废气的同时导入干净空气。无论你选择的是通用的通风系统还是简易的通风系统，这些通风系统可以让肺、眼睛、皮肤远离尘埃和有毒烟雾。通风系统的尺寸取决于你的尺寸、工作时间、所用材料和化学物品的种类。就算有好的通风条件，戴上口罩以应对粉尘、烟气和一些溶剂等有害物质是很有必要的。确保在做研究的同时遵从生产厂家制定的安全条例。

1.7.2 光线

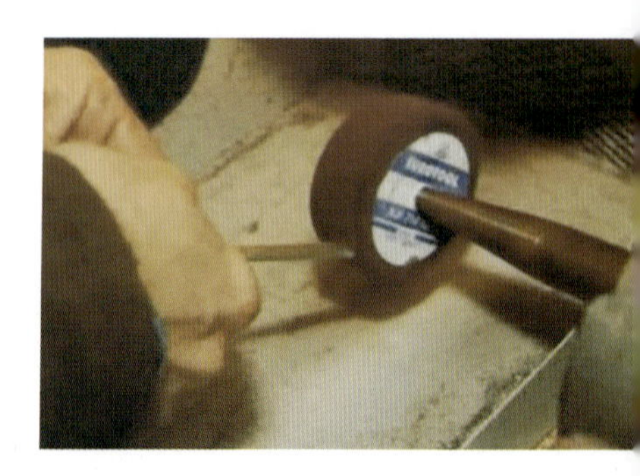
抛光设备，也称电动抛光机，常用来清洁金属表面、制作肌理、抛光工具和成品

有足够的光线才能看清大的轮廓和细节部分，调整灯，使灯光不会在作品上投下影子这一点很重要。笔者喜欢尽可能多地利用自然光，在晚上，笔者会用色温和日光接近的日光灯来替代自然光。不管使用哪种类型的白炽灯，一定要确保把灯放在不让作品产生阴影的位置。在哪里摆放灯取决于作品，有时候可能需要多盏灯来消除作品的影子。

1.7.3 电动工具

现代錾花工匠常常使用一些电动工具：砂轮机能让

钢制工具很快成形；砂带磨光机能加工、抛光很多不同的材料甚至钢材；配备各种机针的吊机机头能很好地对从不锈钢到木材料的各种材料进行雕刻和塑形；安装有砂盘的吊机能够清洁和抛光所有金属。

1.8 其他设备

制作一个大型的凸起纹饰，需要一只坚固的台钳来固定錾杆、锤子和敲花器。敲花器可以对錾凸件内侧狭窄的部分进行顶凸。铁砧可以用来锻打出各种外形的錾子，而通过抛磨的方式制作这些錾子既困难也耗时。

工作时，用一张表面坚硬而稳固的工作台来支撑沥青碗。一个重的工作台相当于多了一个支撑，这在加工过程中是非常有用的。它能支撑锤打过程中的作品，也能够吸收锤子的冲击和噪音。

敲花器，用于对錾花件内部狭窄部位进行顶凸。当敲击敲花器的金属杆时，杆部反弹，使杆顶部弹击錾花件内侧的狭窄部位

在制作大面积錾凸件时，有些人喜欢把沥青碗放在树桩上，树桩也是一种能有效吸收噪音的材料。需要注意的是，树桩的高度必须刚刚好，让錾花人在工作时不必弯腰或踮脚。不同尺寸的凹半球嵌在木桩末端，除了能支撑沥青碗之外，这些凹面能够在金属被放入沥青碗进行精细操作之前对片状金属进行初步塑形。

手工工具

在錾刻和模冲时，通常会找到一些金属工匠们常用的手工工具，像锯弓和钳子都会很有用。下面列出的是一些能派得上用场的工具。

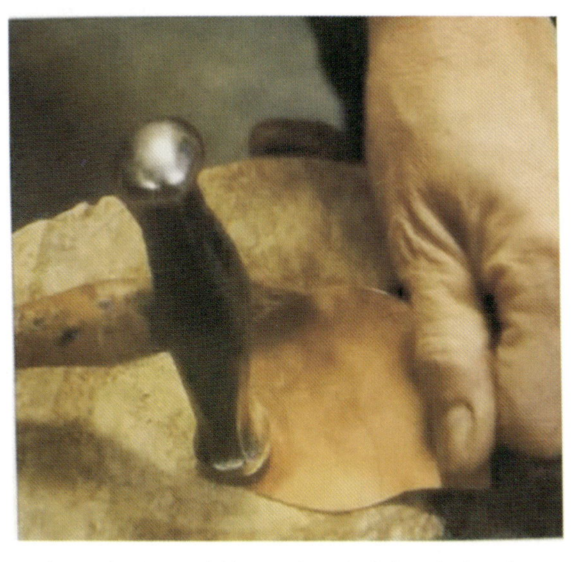

树桩顶部的凹区能够用于塑形金属片和支撑沥青碗

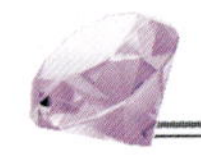

- 锉钢用的大锉和小锉
- 錾凹锤和錾子
- 中等质量的錾凸窄球锤
- 表面平整的钢砧(装在网状橡胶座上用于降低噪音和振动)
- 蜡锉或者用于锉木头和塑料的粗锉
- 固定在桌面上可以旋转的钳子(例如台钳)
- 重型沙袋
- 雕刻刀(♯40 平面雕刻刀和♯6 雕刻三角凿)
- 打磨石
- 吊机用硬质合金盘片
- 配有放置槽的火枪
- 中等质量的锻打锤
- 顶部可制作肌理的廉价窄球锤
- 使用沥青时所用的工具(见第 2 章)
- 生皮和塑料软质锤
- 开料锯
- 放大器(阅读眼镜,头戴式放大镜)
- 三角刮刀
- 油石
- 老虎钳
- X－Acto 公司的刀片和手术刀片
- 圆珠笔或软质画线笔

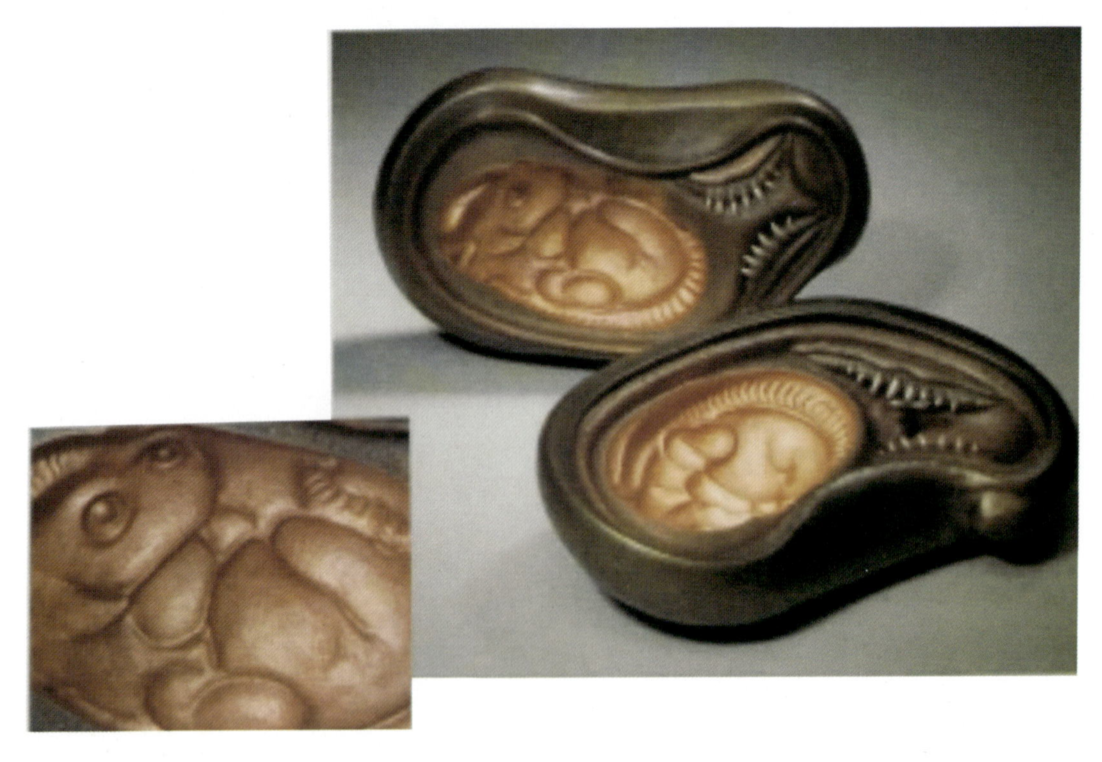

安静，小宝贝(左下为局部细节图)

制作：Catherine Grisez
材料：黄铜、铜、银925)(制成展示乐曲的肌理)
尺寸：4.25英寸×10.5英寸×5英寸
拍摄：Doug Yaple

Brian Clarke正在其工作室工作。注意图中左边角落坚固的工作台和图中他为自己定制的、有高度调节装置的工作台，图片也展示了他如何将光源置于最合适的角度

材料

每个工作室和艺术家都有一份必需的独特材料清单，以下是笔者的材料清单。

- 矿物油
- 唇膏(例如 Chapstick 或者 Burt's Bees)
- 600V 绝缘胶带
- Aquaplast 牌热塑塑料
- 用在工具上的聚甲醛树脂或者类似塑料
- 制錾凹錾的黄铜棒
- 重型沙袋
- 拓图纸、描图纸或复写纸
- 小苏打
- 菜油(用于工具制作)
- 硫肝
- 可拆式胶带
- 各种尺寸的钢芯
- 钢专用粗砂纸
- 擀平用木棒
- 橡皮泥
- 有色金属片，测量标尺

天堂之门

(意大利佛罗伦萨的圣约翰洗礼堂东面正门上的浮雕作品，局部细节图)

制作：Lorenzo Ghiberti

材料：青铜和金箔

沥青及其应用

本章介绍沥青，它是錾刻工艺中使用得最多也最为常见的材料；本章还提供了这个多用途、高延展性材料的背景信息。即使对沥青已经很熟悉的人，笔者建议他认真阅读此章节，因为接下来的章节会涉及许多沥青的内容。

2.1 沥青的组成

为了在接触部位錾移金属，同时又不让其周围的金属下沉，我们需要一种有支持作用又有弹性的材料。当对金属进行制作时，这种材料需要抓住金属的四周，并且当制作完成时，要能够轻易地将它拿出。而沥青就能满足上述需求，这就是为什么工匠和珠宝匠用它来支撑所有的制作品，从大型雕刻品到小的物件。沥青的多功能性让艺术家们可以在各种金属上錾凸成型和錾凹而显示细节，如铝、铜、银和金。也有其他的材料可以用来给金属作支撑，其中一些会在第 4 章作介绍，但是它们都没有沥青这种材料的特点：沥青允许艺术家们在有色金属上最大程度地施展錾刻工艺。

传统沥青是一种混合物，始于有机树脂或称之为柏油的石油产品。其他材料，如熟石膏、砖灰、动物脂和蜡都被加入到沥青里来增强该混合物的硬度，并且让沥青变得更加有弹性。现在，我们可以买高质量的商业沥青，但是在这种提前混合的沥青出现之前，錾刻工匠都是自己制作沥青，完善其配方来适应自己的需求。既有夏季配方又有冬季配方，用来应对工作室内温度不同时沥青的不同反应；并且还有硬、中、软 3 种硬度的沥青配方来为錾花提供最大范围的使用。由于历史的关系，笔者会介绍一种配方，但是，因为制作沥青的过程很麻烦，并且对健康有害，所以笔者不推荐它。制作的成分需要被加热到一个特定的温度，而且添加物要被小心地加进去。若是混合过程不正确，沥青在绝大多数錾花过程中可能是有害而不是有益的。

雕刻沥青的制作是根据流传了几个世纪的配方。从左到右分别是松树树脂、砖灰、石膏、蜜蜡和动物脂

下面的基础配方来自 Oppi Untracht 写的《工匠的金属技能》一书：6 份

沥青(松木树脂或者黑色柏油)，8 份熟石膏或者砖灰，外加 1 份亚麻籽油或者动物脂。将这些在一个通风的地方熔化，搅拌粉末，然后加入油和蜡并充分混合。

我们很幸运能生活在一个可以买到高质量沥青成品的时代，这种沥青减少了有损健康的风险。对我们大多数人来说，商业沥青出色的工作性能很容易抵消传统自制混合沥青带来的微弱优势。笔者用 3 种不同硬度的商业沥青——软、中、硬，它们涵盖了许多不同的用途，包括填充容器、深度錾凸、精细錾凹和做肌理。

当代艺术家更愿意购买成块的沥青，因为它们容易弄碎并且放进罐子里或者板子上熔化。从左至右：西北公司生产的沥青块、德国红沥青和柏油黑沥青

许多年来，预混的石油基沥青都可以通过珠宝供应商买到。因为不想处理沥青的有毒部分，錾花艺术家 Anne Praczukowski 发明了一种非常好的松树脂沥青，并且在西雅图创立了一家名为"西北沥青"的公司来出售这种沥青。这种沥青是无毒的，并且很有韧性。全世界的錾花艺术家现在都转而使用这种高品质、可信赖且好用的沥青。西北沥青公司只接受直接向公司下单的订单。

德国红沥青是一种如勃艮第葡萄酒颜色的有机沥青，在各类錾刻艺术工作室都非常流行。我用它来制作黄金饰品、首饰饰品以及罐装容器，它既有力度又有韧性。日本或中国的黑沥青(有时也叫作瑞典沥青)，是以柏油为主要成分，有韧性且硬度更高，所以很适合做精致的錾凸、整平、错金和雕刻。它过去是唯一一种容易购买到的商业沥青，也许因为这个缘故，许多工作室艺术家们和首饰制作者都还在继续使用它。

2.1.1 选择一种商售沥青

当学生们问笔者购买何种沥青时，笔者常建议他们在对沥青进行一大笔投资之前，试着使用所选课程的指导老师使用的沥青，和其他錾花人交流他们所使用的沥青。当然，这些工匠所做的饰品要跟你的相似。笔者认为，选择西北沥青公司的沥青或者德国红沥青都不会出错，好处是如果储存保护得当，沥青可以用一辈子。

2.1.2 硬的、中硬的和软的沥青

有些牌子的沥青分硬、中硬和软 3 种类型。可以使用单一类型或者同一个牌子两种类型的混合物来制作特定的沥青。因为软沥青在低温下就能熔化，容易被倒出，所以它通常被用来填充空心器具(holloware)。与硬的或者中硬的沥青相比，软沥青在压力下更容易弯曲，使被填充的容器外部更易于对錾打产生塑形。中硬沥青是作为日常使用的。不论制作浅的或深的錾凸，中硬沥青都有足够的凹陷形变率，并且有足够的硬度，使得它在表面整平、錾清晰边缘和线状肌理的操作中不至于脆裂。使用中等硬度的沥青也可以用来填充容器用以整平以及錾清晰边缘等细致操作。硬沥青常用于精细工艺操作，

凿、雕刻和反面(top-down)錾凸的效果尤其好。

加热沥青时产生的烟会刺激肺部和眼睛。请在通风良好的条件下工作,不要过度加热沥青。如果沥青着火了,不要在其上泼水,应用钢盖或者钢做的容器盖住它来灭火。如果这样还不管用,将它拿到室外,用干的化学灭火器灭火。

2.2 盛放沥青的容器

工作时,为了避免碎裂和裂口,沥青需要被盛放在容器中或者以某种方式被支撑起来。盛放沥青最常用的容器是一种厚的半球形铸铁碗。理想碗的外直径为 8 英寸,底部有一个小的平坦区域。木质盒子、铸铁煎锅、钢或铝制的盘子和盒子都行。镶嵌工和雕刻师们在一片木头、铝或者钢上使用少量的沥青。对较小的作品,传统的解决方式是将沥青堆在一根棍子的一端,棍子可以被固定在旋转台钳上或者雕刻固定台上。

重的铁质容器可以吸收用钢具和锤子敲击金属时产生的振动,同时也可以吸收錾凸时的力。珠宝首饰和浅浮雕作品则没有这种需要,所以你可以用轻一些的容器来盛放沥青。对大型的墙面板和盘状物来说,可以把沥青厚厚地涂在一块木板上,或者更好的是,放在一个大型的木头盒子里。不使用的时候,为保持沥青的干净无尘,应将它存放在一个凉爽的地方,用不会粘住沥青的材料盖住沥青,如蜡纸或塑料盖。

这张图显示了各种盛放沥青的容器。4个圆形的碗是铸铁半球形的,它们的直径为5~8英寸不等。铸铁煎锅有很多的类型和形状,可以在二手店买到。图中还有一块沥青放置在木板上,虽然很简单,却足以满足我们所有的需求

John Marshall，一个西雅图的艺术家，以制作大型作品而闻名，他即兴将左边这个两尺长的沥青轨道嵌在一个旋转支架上，来满足他的需求

2.2.1 支撑沥青的容器

沥青碗可以旋转，以便于在整个加工制作过程中能接触到未成品的每一部分。这种碗需要支撑以保证它们不会弹跳、打滑，或者在錾刻过程中因为振动而使沥青有所减损。沥青碗有时候会配有一个橡胶环状的底座，需要把它垫在碗的下面，以避免碗与桌面相撞或是滑到别的地方去。压扁状"甜甜圈"形的底座是笔者最喜欢的底座形状之一，但是却很难找到。割草机的废车胎不贵，当它能与碗的大小相适配时，是绝佳的底座。

在工作室中，沙袋是很常见的一种支撑工具。有双层缝合线的皮质沙袋是最好的，因为布袋或者帆布袋会绽线裂开。用拼接胶带缠绕的粗绳线圈或者用从橡胶质的抽屉垫上切下来的条带缠绕的粗线圈是经济的替代物，这些定制物可以适配不同的沥青盛放容器。一种让人印象深刻的有效底座是用旧的皮带做成的，或者用厚实的皮质条状物缠绕成环状物来适配沥青碗。

沥青碗常用的各种支撑物，包括沙袋、橡胶圈、硬毛毡、皮质圈、用黑胶带缠绕的绳子，以及用橡胶衬套材料缠绕的绳子

总的来说，錾凸比錾凹需要用到更多的力，此时可将沥青碗和底座放在一张沉木桌上操作，沉重的木桌可以吸收振动并且能减弱声音。我的朋友 Dieter Nowak 用一个有坚固的螺丝装

置的高脚凳，这个高脚凳可通过旋转来调节上升和下降的高度。这让錾刻师可以将工作件调整到最佳的高度以适合自己的姿势和制作过程。

直接将沥青碗放在桌子腿的正上方以获得最大的支撑。为了易于调整高度，用带有螺丝高度调节器的高脚凳

2.2.2　沥青的用量

根据作品的类型可以确定沥青的用量。沥青盛放器至少被盛满到顶部，稍微低一点点，边缘就会妨碍到金属作品的制作。对首饰作品或是浅錾凸作品来说，这样通常就足够了。但更多的立体作品被沥青固着时，需要沥青超过容器的顶部，以便于沥青接触到作品的所有部分，这就意味着要把沥青堆得高出容器的边缘。大多数的供应商能估算出制作一个特定作品所需的沥青量。最好比拟定的量再多加一点点，以便将沥青堆到盛放容器的边缘之上或者填满要进行錾凹的材料。

一些书本建议用石膏填充沥青容器的一半，以此来节省在沥青上的开支。如果这么做了，在将热沥青倒入石膏之前，一定要确保石膏是干的。这个方法的弊端在于石膏可以混入沥青，把沥青挖出后，它会和石膏混成一团，再也没有办法重复使用了。所以，笔者的建议是全部用沥青来填充容器。这是一次性的投入，且终身可用。

确保使用的炉子或烧窑是校对标准的，不能让它有任何机会超过设定的温度。不要让沥青冒烟或者燃烧，过度地加热沥青很危险。和在工作室一样，即便在家里，也要做相同的安全防护措施：确保你有化学灭火器放在附近，千万别让熔化的沥青离开你的视线。

2.2.3 填充沥青容器

1. 将沥青弄碎

沥青通常会成一大块，在熔化它之前需要将其弄碎成小块儿。来自铝制煎锅里的沥青需要从锅里去除，以免铝嵌入沥青之中。在电冰箱中冷却沥青 10min，然后用布包起来，或者用旧的枕套包起来，使沥青集中在一起。将这袋子沥青放置在水泥地面或者钢块上，戴上防护镜，敲击沥青直到它碎成不超过 2 英寸的小块。

2. 用烤炉或焙烧炉来熔化沥青

将沥青填满碗状容器最简单的办法是用烤炉或者焙烧炉。在厨房的烤炉中熔化有机沥青混合物是安全的，炉罩与外面通风并且可以精确设定烤炉温度。沥青熔化的温度范围为 250～300℉（121～250℃）。

(a)

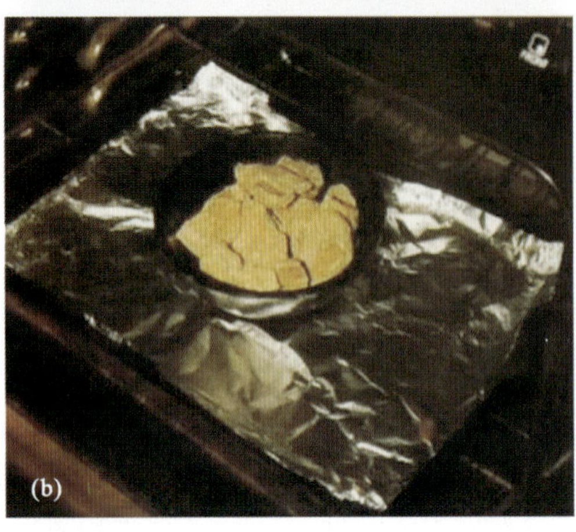

(b)

(c)

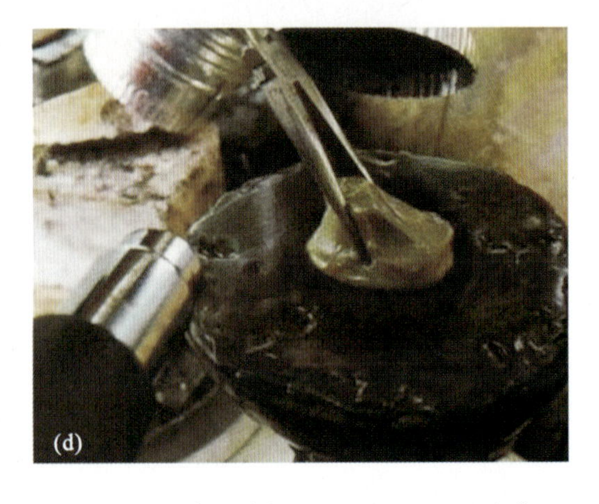

(d)

(a)用锤子将沥青敲裂成一些小块，用一块布来盛放溅出的碎片；(b)沥青块装在一个新的碗里，等待加热熔化；(c)一碗沥青块被放在炉子上；(d)在一个准备好的沥青碗的顶部加上一块沥青，注意用长鼻钳并且要通风，图中显示的为圆筒状手持加热枪

黑沥青或者任何以柏油为基础的沥青材料绝对不要用家中的烤炉进行熔化。如果通风足够,可以考虑使用焙烧炉,但是如果必须在工作室同时进行制作,记得戴上防毒面罩。

将盛放沥青的容器放在烤盘上或者类似的托盘中。如果碗状容器放不稳,可以用铁块或者砖头来固定它。不要用铁制工具或者容器本身触碰焙烧炉里的任何地方。

将粉状沥青和小块沥青放入碗状容器的底部,然后再将大一点的块状沥青块放在它们上面。放入碗中的沥青量比实际需要的稍微少一点。因为沥青熔化后,可以通过添加沥青块来让熔化的沥青正好到碗的边缘处。完全熔化沥青需要的时间取决于容器的大小,从 20min 到 2h 不等。一旦沥青熔化了,关掉烤炉或焙烧炉,等沥青凝固了再取出容器。绝对不要尝试去碰盛放着沥青熔浆的碗。

将沥青堆放到碗的边缘之上可以最大程度地完全接触弯曲的或立体的设计品,比如说器皿类作品。让被沥青填充的容器冷却一段时间,然后再加入一点沥青,让它到达碗的边缘以上。从焙烧炉中取出已经被填满并且凝固了的沥青碗,把它放在焊枪或火炬的旁边。加热整块沥青的一边和碗的表面。当沥青块表面发亮并变软时,将其和底部按压在一起。持续加热整个沥青块的表面,用凉的铁锤面推动热的沥青使它形成一个小土堆状。如果沥青开始和锤子粘连,在水中冷却锤子,剥去上面的沥青,擦干锤子,继续塑形。以同样的方式添加更多的沥青块。一定要仔细,避免沥青块之间产生气孔。

可以看到,图(a)中Brian Clarke正在制作一个22K金的锻造镯子。注意他是如何将沥青堆放到碗的上面来适配镯子的形状,同时堆放起来的沥青也能让镯子易于被加工;图(b)是完成的镯子

3. 使用瓦罐

另一个填充的方法:在低温和通风的条件下,在瓦罐或者电饭锅里加热沥青块。一旦沥青熔化,用带有长柄和流槽的勺子将其舀出并倒入容器中。如果填充一个碗,确保沥青和表面的水平线一致,以免溢出。尽量让沥青不要从瓦罐的边缘溢出滴落下来,如果溢出来了,先让罐子冷却,再小心地除去沥青。

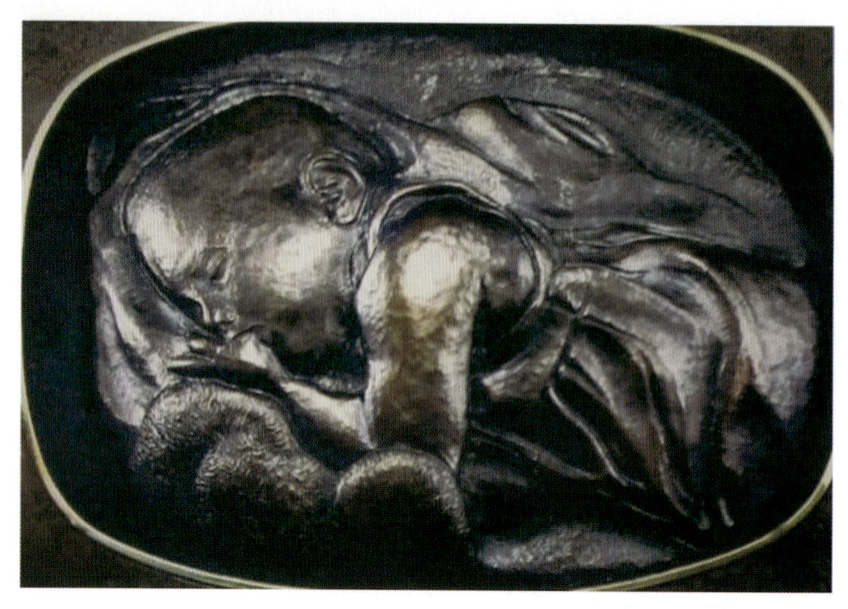

莫丽的梦乡之盒

制作：Joe Muench
材料：黄铜
尺寸：3.5英寸×5英寸
拍摄：Joe Muench

(a)沥青在电饭锅里安全地熔化，这个电饭锅和瓦罐类似；(b)厨房用的长柄深锅被放在电热炉上，用了一块铁片来稳固锅和接住滴落的沥青

4. 使用罐子和电热炉

铁制或铝制的罐子都是熔化沥青的有效工具。将沥青放入罐内，选择一个合适的铁盖子可以避免灰尘落到其表面。这种办法会弄得厨房很脏乱，所以没人会想要用自家的炉子。作为替换可用电热炉，在其表面放一块铁片可以防止滴落的沥青。熔化沥青时，设定一个低的温度，持续性地观察它。当沥青变软的时候，可以直接从锅里倒出或者用勺子舀出。趁热擦掉滴落的沥青或者等锅冷却了再去除它们。

2.3 使用沥青进行錾花操作

沥青需要加热才能粘住金属。焊枪是加热沥青最快的工具。需要一些技巧来避免高温燃料让沥青燃烧起来,例如使用燃烧丙烷或者乙炔的焊枪。天然气是燃烧温度较低的燃料,尽管会花比较长的时间来让沥青的表面软化,但较凉的火焰降低了过度加热沥青的风险。手持加热枪是焊枪的一个很好替代品,它是一种去除表面涂层的工具,在建材和五金店可以买到。当使用这种工具加热沥青时,为了不让它燃烧,需要的是耐心而不是技巧。

錾凹和錾凸过程是不同的工艺,它们最好在不同温度的沥青上完成。一旦沥青附着于金属上,在开始操作前需要让它冷却下来。通用的规则是,室温的沥青最适合錾凹,温度稍高点的沥青对大多数錾凸工艺来说最佳。

冷的沥青最适合整平。如果沥青冷却的速度不够快,并且室外的温度低于室内,将盛放沥青的碗放在外面并在沥青碗上盖一个盖子。在热的沥青上洒水是另一种降温的方式,但是要当心水浸在沥青裂缝里,然后在加热时变成水蒸汽,导致热沥青膨胀或者爆炸。如果在一个温暖的气候下工作,会发现将沥青碗放到冰箱里冷却几分钟很方便。但是,不要用冷藏柜来冷却沥青,因为过冷的环境会造成沥青和碗从底部分开。

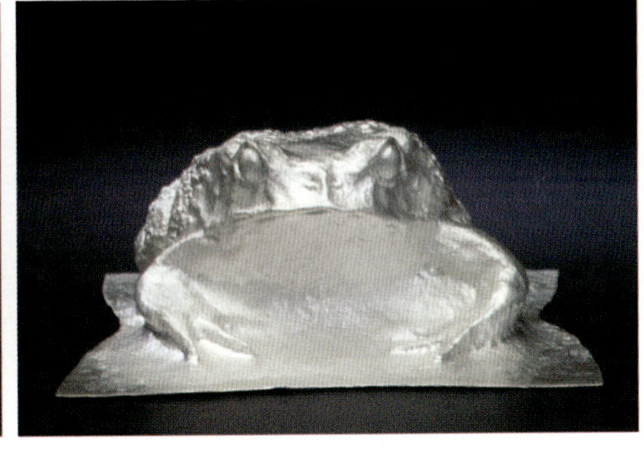

春蟾(《两栖类动物》系列)

制作:Christina Gebhard
材料:纯银
尺寸:5.5英寸×5英寸×2.5英寸
拍摄:Doug Yaple

2.3.1 处理沥青的工具

在大多数作品的制作过程中,都会来来回回好几次从沥青上挪走和放回未完成品。一个前端内部带槽的重型镊子很适合将金属从热的沥青中拉出来。从五金店或者跳蚤市场买经济的长嘴钳也同样效果很好。当沥青很热却需要来回挪动时,窄球锤是绝佳的工具,而且它还适合将金属按压进沥青的表面。如果发现热的沥青粘于锤子的表面,将锤子放到水里或者电冰箱里。如果镊子或者钳子被沥青覆盖,冷却它们,然后去掉沥青。

记住戴一副护目镜来保护眼睛免受飞溅碎片的伤害。避免沥青燃着，因为高温会软化镊子和钳子的顶端。如果有少量的沥青残留，加热钳子，然后用蘸有矿物油的布将它擦拭掉。

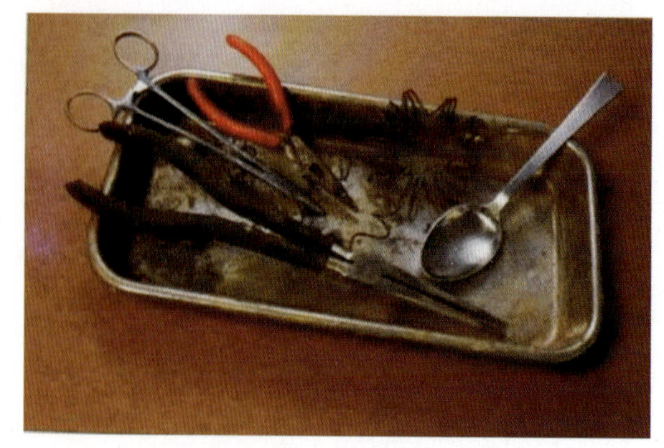
一些可以用来处理沥青的日常工具

另一个有用的工具是不锈钢勺，它很便于舀出熔化的沥青，并且将沥青浇到作品的凹面处。用足够大的盛装沥青碗的铁锅或者铁盘对接住溢出碗外或从工具上滴落的沥青很有用。可以在铁锅上使用清理工具，并且将工具放于其上使它们与焊接区分开。溢出和滴落的沥青堆积在锅中，为了在不熔化它的情况下除掉它，需要冷却锅，将锅翻个面并用锤敲其背部，大部分沥青会碎裂掉下。如果沥青燃烧过，就直接扔掉，将燃烧过的、易碎的沥青放到另一个干净的碗里是一个“错误经济学”哦。

2.3.2 存放沥青容器

在多年的教学工作中，笔者多次注意到个人和工作室在保持沥青处于一个好的状态这方面都会有些问题。不妨将沥青想象成蜡。任何在环境中漂浮的东西都会黏着在其本来就有黏性的表面。空气中的超细粉尘会让沥青表面结一层皮，加热后，它就不再具有延展性了。不仅仅如此，这些空气中的颗粒会污染金属作品的表面。通过加热，沿着沥青表面用金属边缘刮去硬皮，将底下干净的沥青暴露出来，扔掉脏了的沥青。更好的方法是在不用的时候盖住沥青碗保持它的干净清洁。

一个更严重的问题是，当盛放沥青的容器被堆叠在一起时，碗会很快地沉入沥青中，然后变得一团糟，难以去除。水平地放置它们，否则，沥青最终会溢出碗的边缘，流到架子上或地面上。

在储存时，为了保护沥青不会被灰尘和小碎片弄脏，单独将每个罐子盖住很重要。在厨房里，很容易找到适合的盖子

千万不要像上图这样堆叠盛放沥青的容器。除了很难分开外，下面的沥青会被上面容器的底部污染

錾花基础

接下来的部分，将通过一些基本步骤教大家如何在固定于沥青中的有色金属上錾花。笔者坚信甚至那些技艺远超此部分基础技巧的金属匠人也能在此获得些许好的创作意念。笔者推荐阅读完本章后再去买相关的材料和工具。这样，就不用买一些不需要的或还没准备好的操作所需的材料和工具了。

建议不要尝试在第一次就做一个成品(finished object)。更有效的做法是在有压力的情况下完成一件成品的制作之前，先培养出对这个过程的一种感觉。对笔者而言，成功的样品制作和失败的尝试是一种持续性的知识来源。记录每一个“失误”，可以提醒自己学到的东西。

本章学习目标

(1)懂得錾花的技术和其中技巧。
(2)熟悉工具和材料，并且知道如何使用它们。
(3)培养走线和基本錾凸的能力。
(4)将此章节中的实践和信息作为继续提高技巧的起点。
(5)学会边操作边想象出金属背面的形貌。

3.1 格言：欲速则不达

学习时，动作慢一点、慎重一些可以避免刮擦、修理或是重做。錾花这项技术和速度无关——而是在于过程，在于錾花人与工具、材料的关联度，还在于錾花人对这个世界的历史和文化的了解程度。

对錾花工艺的初次经验会对一个人如何看待这项技术产生很大的影响。在选择一个设计之前，建议先用金属片做一些练习，以此培养出对这一过程的一种感觉。按照下面解释的那样，用记号笔在金属片上迅速画一些线条，并且练习刻线。使用肌理錾子，创造出自由式的或结构式的图案，然后对结果进行比较。一定要记录这些练习的样品，包括尺寸、材料、制作日期和使用的工艺类型。笔者无法告知大家当想将自己喜欢的图案錾于金属样片上却忘记自己如何做出来时的那种挫败感！

金鱼图形框

制作：Jackeline Martinez
材料：铜和黄铜
尺寸：3英寸×4英寸
拍摄：Jackeline Martinez和Lance Neirby

3.1.1 设计錾花图形

练习设计的时候应该尽量选择简单松散的图形，避免有小细节的图形，因为作为一个錾花新人，细密的图形会让人有挫败感。选择与图形中线条和形状的尺寸相匹配的工具。不论将要錾凹的图形来源何处，在把它贴于金属之前，一定留下图形的副本或是复印件。如果原件惨遭不测，留有复印件将是一件值得庆幸的事。

原画、临摹图、厚纸模型和黏土模型。可以不用每一样都有，但至少有两样将会很有帮助

3.1.2 选择金属的类型和尺寸

对新手来说铜是很适合的，即使在退火时过度加热，它也具有很好的延展性和加工时长，而银925和黄铜会很快产生加工硬化，从而缩短了两次退火间的可加工时间。纯银倒是很软但是作为练习用就太昂贵了。金属片尺寸的选择取决于设计图案的深度、大小和复杂程度，以及所制作物品的类型。铜比银925或者黄铜软，首次实践此技巧时，应该用一块足够厚的金属，这样便能够尝试各种图案的深度和表面形貌而不必担心材料被打穿。22 gauge(0.635mm)的厚度适合有细节的錾凹和錾凸的塑形。不论是什么金属，需要的材料都要比设计的作品本身大至少3/8英寸，这可以防止制作时金属卷曲或是渗入到沥青中而尺寸不够。铜(延展性强)与银925(相对来讲硬一些)的比较会提供一些有用的信息，尤其是用这两种金属制作同一设计作品时。

3.1.3 清洗金属表面

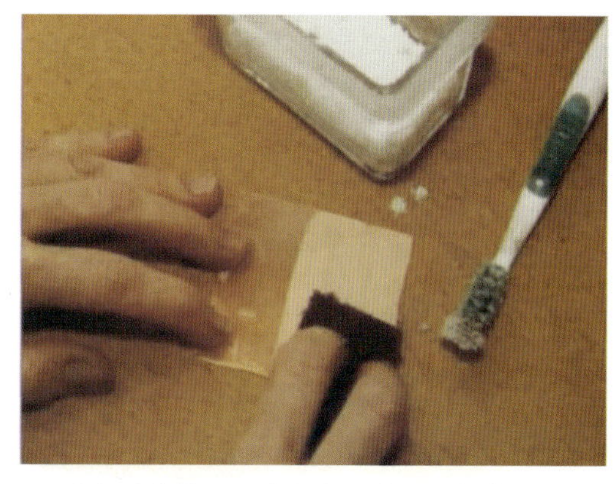
用柔和的磨料，如苏打或是浮石粉来清洗金属

退火并且将金属清洗干净。在这里，“清理干净”的意思是酸洗后用苏打中和、冲洗和烘干。留在金属氧化表面的余渣可以和沥青混合在一起，从而改变金属本身的加工特性。在将金属放入沥青之前，要将设计图案贴于金属上，所以，画图案时，让自己保持舒适，并且找一个地方放置好金属片。

3.1.4 徒手画图

徒手画图时，用永久性的细型记号笔会使线条清晰。黑色或者红色是画线时最易辨认的颜色。用划线器、刻刀或者美工刀刻沿线条画出浅浅的槽。

1. 将图形从纸上拓印到金属上

用橡胶胶水将图形纸粘在金属上

其中一种方法是给图形纸的背面和金属上分别涂上薄薄的一层橡胶胶水，将图形纸贴于金属上，按压图形纸赶走所有气泡。顺着图形的线条，用美工刀或者有尖顶的工具沿划线刻画（见下图“划线”）。刻穿图形的时候刀会破坏纸，这也是要留下副本的另一个原因。剥下多余的纸，并用手指将橡胶胶水擦掉。

转印纸和复写纸提供了另外一种将图案印到金属片上的方法。转印纸和复写纸相似，但它拓印的线条更清晰。如果是铜，笔者会用 Saral 牌的黄色转印纸。油墨面朝下，将转印纸或复写纸用胶带粘在金属片上，并将图案用胶带粘放在转印纸或复写纸之上。用尖头铅笔或者圆珠笔沿着图案划线。撤掉纸，再用圆珠笔或硬质金属笔沿线条刻画一遍。

将“中国白”涂料涂在干净且干燥的金属片表面，让它自然干，然后用复写纸将图形转移到金属片上

为了让图案呈现得更加清晰，首先用白色蛋彩画颜料、水粉、中国白或者白色鞋油涂在金属表面，然后再用转印纸。把金属片放入沥青后，錾线操作可直接在拓印的图案上进行。

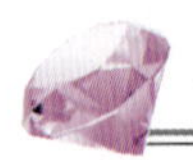

用圆珠笔和复写纸将图形转移到金属片上

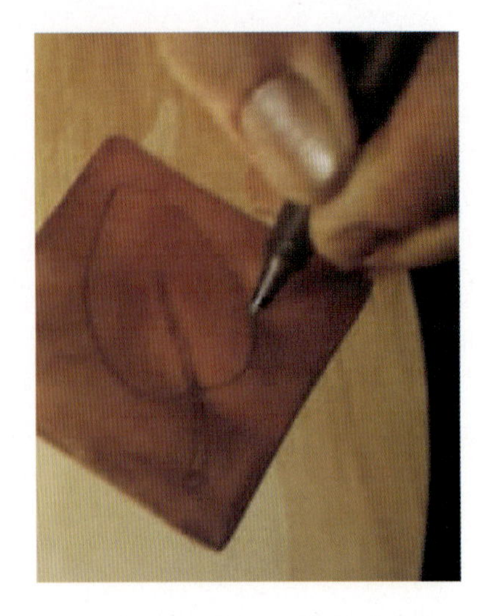

用圆珠笔再顺着划出的线刻出槽来

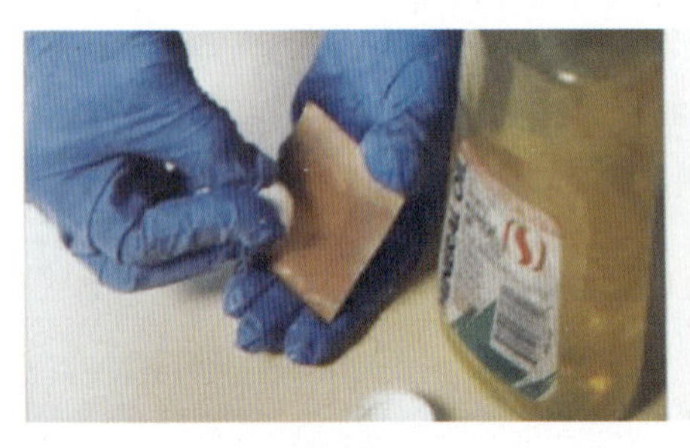

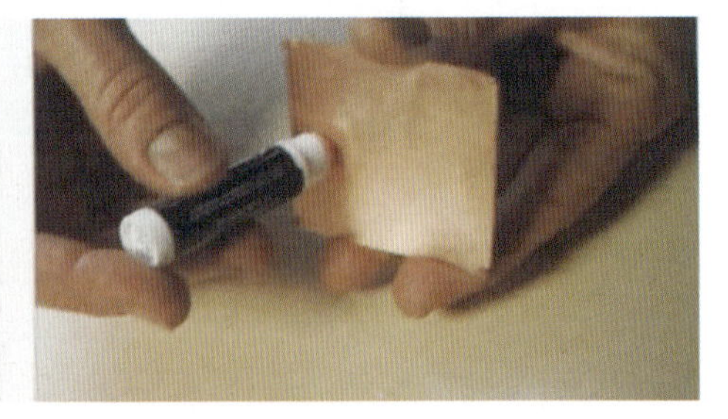

在金属片后面涂上薄薄的一层矿物油或者唇膏，这样方便将它从沥青中取出。用西北公司沥青的时候，笔者会选择矿物油，因为它和树脂沥青能很好地融合的同时，可以保持沥青的弹性；而唇膏则适用于德国红沥青

用尖嘴钳将金属片(如果用的材料是金属片)的4个角扳向抹了油的那一面。这样便于金属片在沥青中的固定

2. 焊枪加热

用低温的柔散火焰以持续移动的方式均匀加热沥青。不要将火焰留在某个点上一直加热，因为这样会点燃沥青。移动火焰的时候注意沥青的表面，如果沥青起泡或冒烟了，说明火焰离得太近或者温度设置得太高。如果表面开始发光并变得光滑，那么说明火焰的距离和温度正合适。

3. 手持热气喷枪

手持热气喷枪也能用来熔化沥青。虽然它比火炬加热慢，但产生的烟雾最少，因为它的温度比火炬的低，沥青燃烧起来的概率也会随之降低，并且还能让沥青保持得比

用焊枪加热沥青

用手持热气喷枪加热沥青

较干净。直接在沥青表面加热，小心别接触管嘴太近。

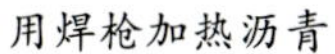

千万不要将手指或者手放到管嘴处。小心地握持焊枪和手持热气喷枪，因为有些温度高的金属部分足够造成严重的烧伤。当加热完成后，确保它们被放到耐热的物品上，或者将它们安全地悬挂起来，提醒在周围的每一个人当心它们还热着。

不论用焊枪还是用手持热气喷枪加热，它们在沥青中加热的深度范围为 1/4～1/2 英寸，这样可以创造一个光滑、平整的表面来放置金属并不让空气进入。

当沥青变柔软的时候，停止加热，把金属片按压进软化的沥青表面，事先润滑的那面朝下。用锤子将金属片牢牢地打入沥青，确定金属片被固定好并且没有任何空气留在其底部。接着把沥青推到金属片的边缘和被弯下的顶端以固牢金属。不要让沥青漫过金属片的顶端，因为哪怕是一点点沥青都会流得金属片上到处都是，弄得一团糟。

有些人喜欢用手指操作热沥青。这样做时，先将手指浸在水中形成一个可以抗热的

记住这张图，千万别让它发生。此图中，沥青因加热温度过高而被点燃，其中的一些成分被烧掉了，沥青变得粗糙易碎

如果需要清除燃烧过的沥青，先把其表面加热到液体状，然后用一小片废弃的金属片将它撇去，等它完全冷却后丢掉

保护层，但要小心不要让水留在沥青里。使用柏油沥青时严重烧伤的风险太大了，因此，不建议直接使用手指。

开始錾线前，让沥青冷却到室温。通常来说，錾凹工艺需要坚固的沥青以使錾子的击打集中于接触点。

用锤子按压热的沥青到金属片的四周和弯曲的金属角。如果沥青粘到锤子上，将锤子放到冷水中冷却，沥青就会掉下来

3.1.5 錾凹锤的握持

握住錾凹锤的力度要轻。手把的设计是为了能让锤子在不很受力的情况下也能挥动。千万不要重锤錾凹錾。如果很紧张地握着手把，锤打一段时间后会使人变得很劳累。对錾凹锤来讲，其握持方式与握锤是一样的，即握着但不要太用力。许多錾花人，包括笔者在内，都曾用过些不正确的握持方式而经历了疼痛。这些都可以通过持续地注意肌腱、手腕和手上的力量来避免。一开始就养成良好的抓握习惯可以避免这些问题的产生。在工作间隙时，可以经常甩甩手放松一下。

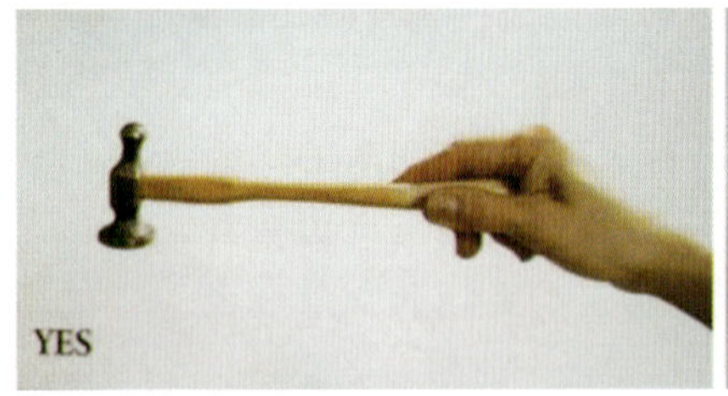

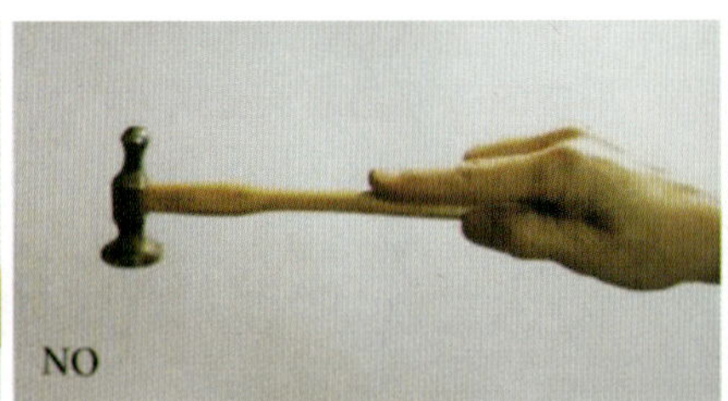

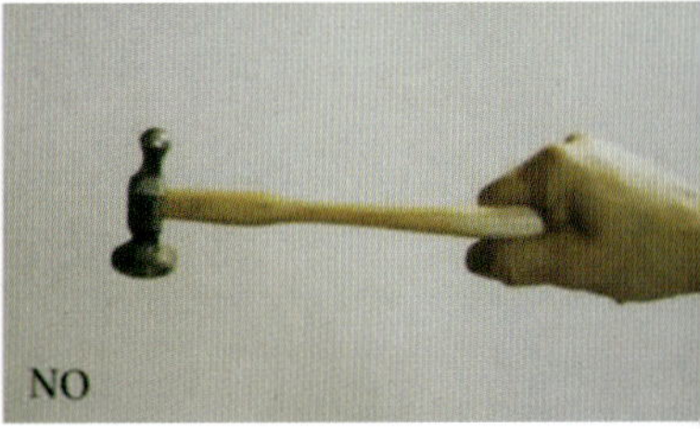

左图中显示的是正确的握锤方式，锤子被手掌松松地握着。另外两图中的锤子都被握得太紧了，容易造成手的疲劳

3.1.6 錾凹錾的握持

右撇子的人通常会左手拿錾子，右手拿锤，锤柄末端轻握于手掌，手指轻轻抓住手柄。为了保持錾子的平稳，握在錾子的低处，低到手能支撑于金属上。大拇指、食指和中指握住錾子柄形成支撑，小手指和无名指移动錾子的顶端。錾子的移动也受控于挥动錾凹锤轻敲錾子向前移动及用手指、手和胳膊轻拉的一系列动作。

3.1.7 工作姿势

这些照片一目了然地呈现了錾花人的工作姿势，但是每一个錾花人都免不了在工作时无意识地陷入错误姿势的状态中。尤其有必要在刚开始学时，尤其要养成一个好姿势：坐在椅子上，后背和脖子保持舒服的直立状态。

如果痴迷于錾花这项工艺,此图将是你的常态。这是一张錾花工艺师的工作图。稳稳地拿住工具，手能刚好控制工具却又不致于紧到让肌肉产生酸痛感

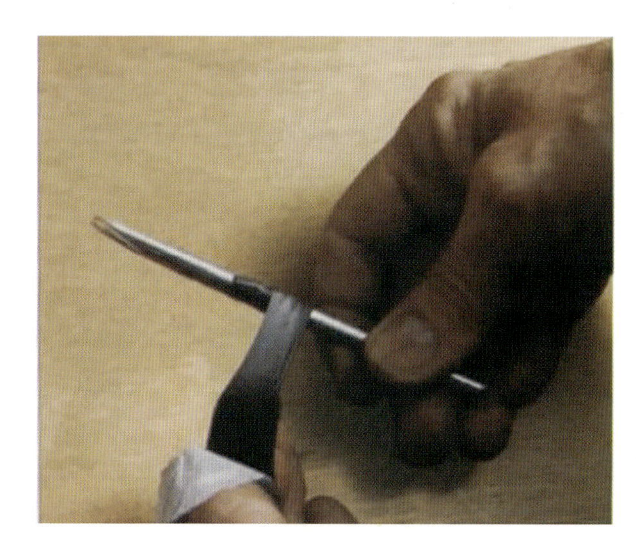

用橡胶带将工具缠起来会有所帮助。增加的直径能减少手紧握工具的紧绷感，而橡胶带的柔和性能吸收振动

3.2 錾花的步骤

在详细学习之前，最好先对錾花的整个过程有一个整体的了解。

3.2.1 走线

传统錾花工艺的第一步被称之为走线描摹，完成这一步需要用到先前说过的线錾，此步骤的目标是在金属片的正面刻出一个浅而窄的凹槽，这样就使金属片的背面形成了微凸线条，线条勾勒出錾凹区域。等沥青冷却到室温时开始刻线，否则沥青会因为太软而导致线条周围的金属沉陷。将线錾放于要画的线上并调整好角度，让錾子的前端接触金属片。前文所述的一些拓印图形的方法可以在金属表面形成浅浅的凹槽，线錾可以沿着它们进行操作。

把线錾的前端对准自己，当用錾凹锤敲打它时，轻且平稳地拉动它。线錾的前端通常朝向錾花人，除非有些复杂的图案，从这个角度操作起来不太方便。当然，只要能完全控制线錾并且能够看到它的工作端，任何角度都行。

一面小幅度、平滑地向前移动线錾，一面轻敲它的顶部。线錾必须一直与金属片保持接触。一条高质量的錾凹线必须宽、深一致并且没有多余的錾迹。在金属片的背面，鼓起的线应该同样清晰和平滑。如果錾子太过锋利，就会錾穿金属片。如果錾头太宽，就容易打滑，也易形成多余的并很难去除的錾迹。确保锤子的每一次敲击方向与錾子的轴向一致，否则以其他任一角度敲击錾子都会让它打滑。

为了检查金属片背面的效果，需要将它从沥青中取下并翻转过来。练习以上步骤能学习如何通过正面的线条预测背面凸起刻线的样子。

錾线的目的是刻出清晰的凸起轮廓线从而使錾凸工作易于进行。但是刻线不能太

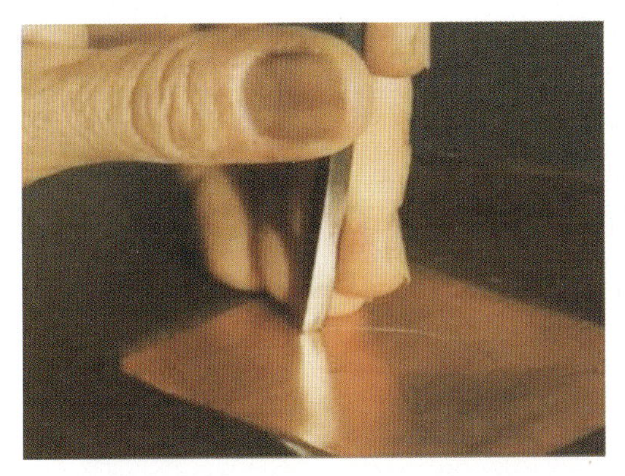

(a)走线(在正面)

(b)将工件从沥青中取出

(c)清理工件上的沥青残留物

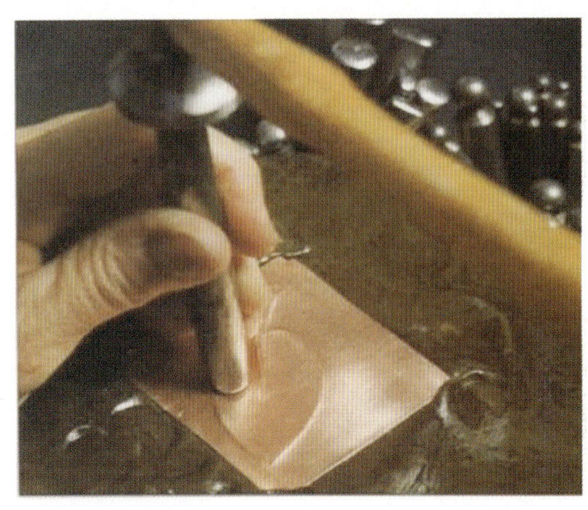

(d)錾凸(在背面)

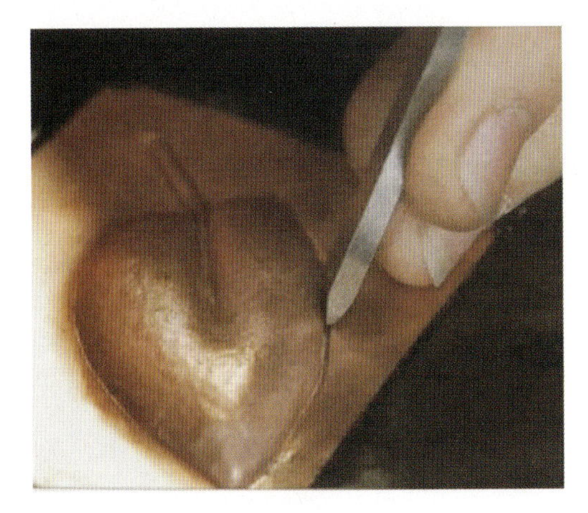

(e)压底(錾凹)

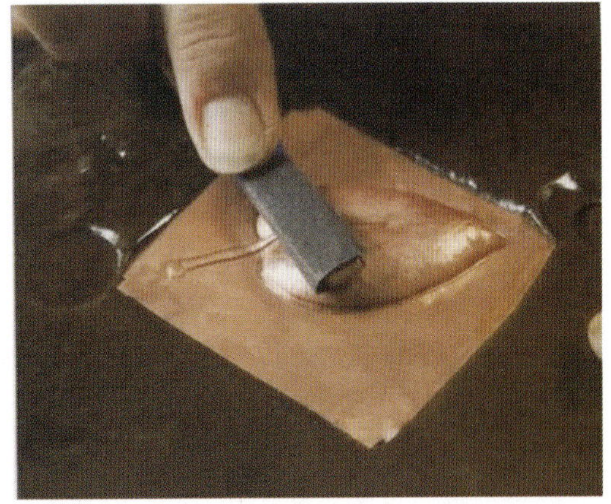

(f)打磨表面

正确的走线姿势和角度

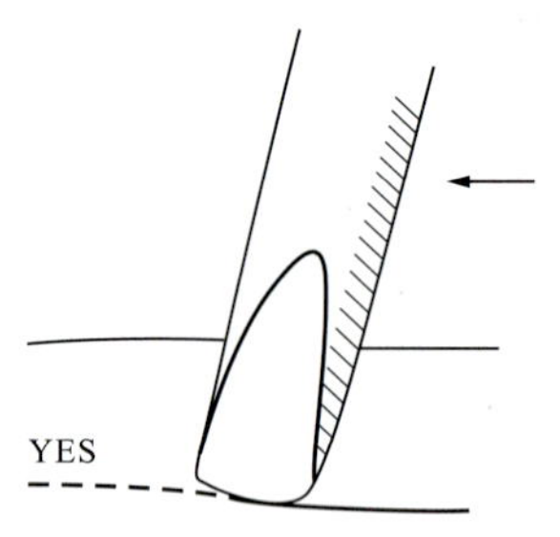

当錾子的角度正确时，只有阴影部分接触金属

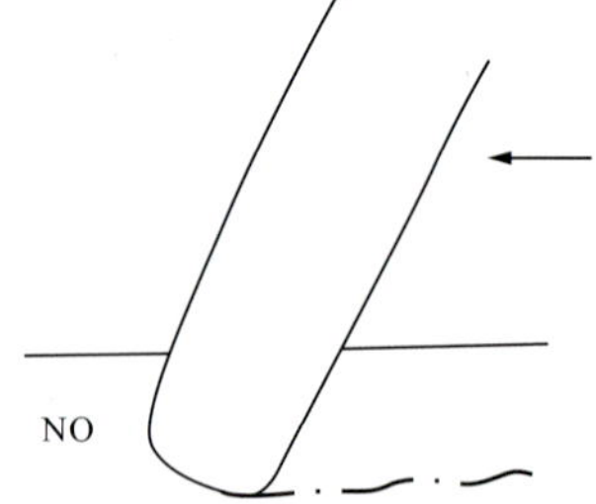

此图中，錾子的角度太靠后，以至于后跟(阴影)部分在金属上拖出起伏不平的线

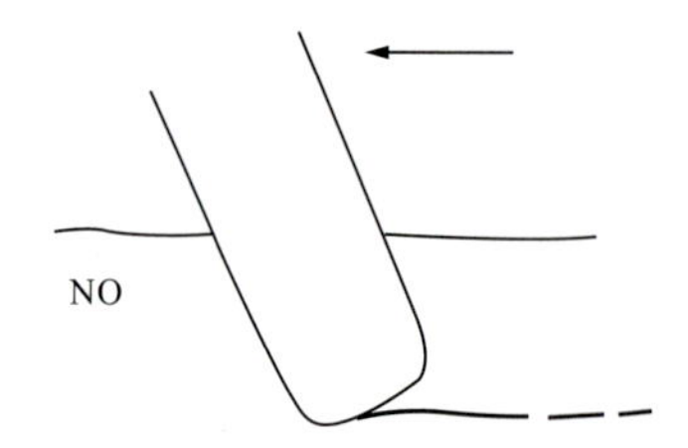

此图中，錾子的角度太靠前，以至于前端(阴影)陷入金属，形成断断续续的线

宽、太深以防止工件完成时，刻线还留在成品上。如果錾线看上去起伏不平，那说明錾凹金属片时使用的是錾头面的后端，向前稍作倾斜直到它几乎与金属片表面垂直。如果錾线在金属片表面呈你追我赶似的，时断时续，说明錾子太向前倾斜了而使得錾头面的前端和金属片接触，将它倾斜回来。如果在金属片表面移动錾子有困难，可用浸了矿物油的棉板擦下线錾的錾头以起到润滑作用，但需注意矿物油不要过量，否则錾子会打滑。

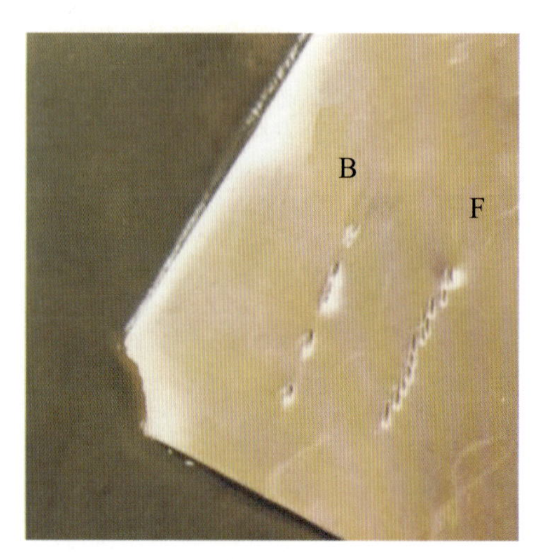

B是线錾角度太向后靠造成的夸张效果，F是太向前倾造成的夸张效果

为了錾凹出图案的转角，可以从转角的两端来进行操作，然后在转角点会合。对于曲线部分则使用曲线錾或者用小型的直线

錾沿着曲线以很细微的幅度錾凹。如果曲线錾的半径与画线的弧度相匹配，就可以如同冲印錾一样印上去（力度要轻）。如果不匹配，就顺着曲线敲击。制作时，慢慢就会找到最容易地控制各种线条的方法。

当錾线新手觉得“掌握了”的时候就太棒了。就像学习骑自行车的感觉一样，一开始似乎很迷茫、很难掌握，一旦掌握了平衡，能以一种特有的节奏使用錾子，这些技巧永远不会忘记。

一系列线錾，从头部和轮廓能看出不同。这些线錾都被抛光过以便于在金属表面平滑移动

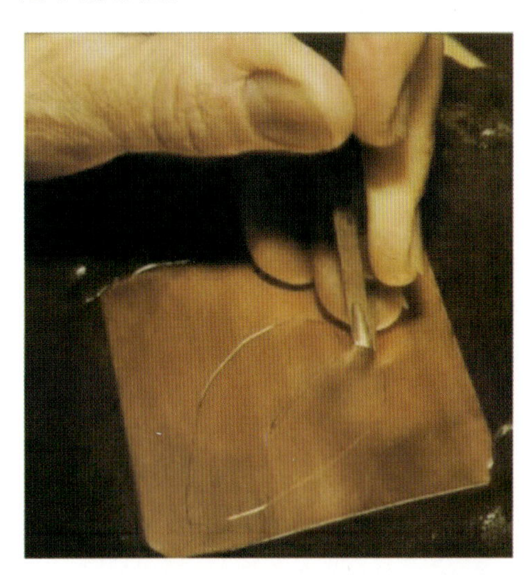

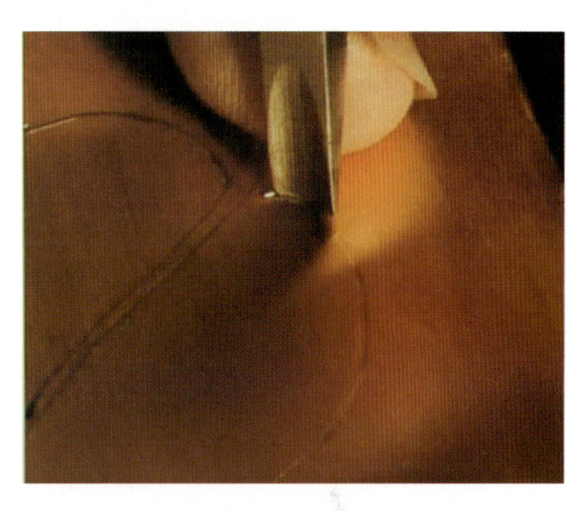

用曲线錾錾出小弧度的线

1. 线錾的型号

不同的图案需要不同型号的线錾。刚开始的时候，只设计需要用到一两种型号线錾的图案是很重要的。在实践中提高了技巧和应对复杂线条的能力后，就可以制作或者获取多种不同的线錾以适应直线和不同类型的曲线了。除了錾线之外，直线錾和曲线錾也可以用来制作纹理、底纹以及压底。

2. 点状走线

另外一种勾勒图案轮廓的方法是在金属片正面敲点成线。这些隆起点群形成的线在金属背面勾勒出需要錾凸的区域。制成点状线的优点是快，但缺点是这些隆起很难掩盖。就如同使用线錾，这些点需要整平并保持一样的深度。可以制作自己的点状錾子，或者使用其他工具（比如心冲），用砂纸打磨其头部，使它轻易能錾出小的印记但又不会錾穿金属片，小的印记能刚好在金属片背面凸显出来。

保持点状錾子与金属片垂直，每次敲打它后使錾子经过反弹而比金属片表面稍高。这个过程可以将金属片固定在一块硬木上来完成。一旦完成点状錾凹就将金属片压入沥青进行錾凸操作。

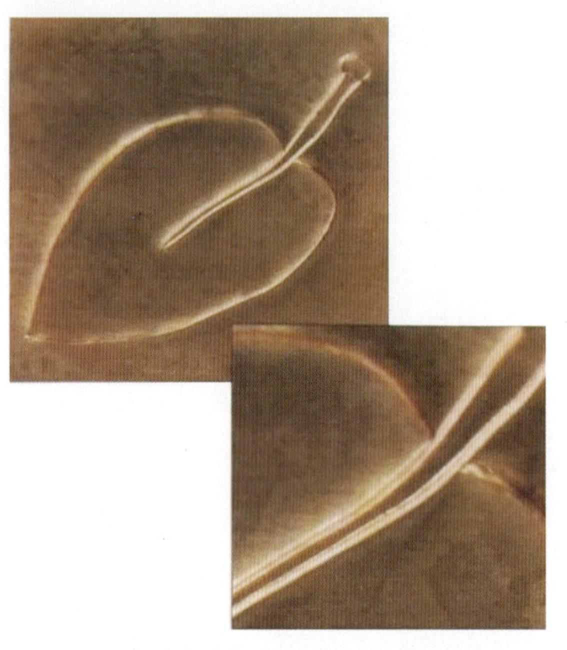

这张图显示了在金属片正面走线，注意特写图片中均匀、平整的线条

这是同一片金属，从背面看的样子，线条呈现为鼓起的脊状

点錾走线需要一个顶尖的錾子，但须经过软化处理使它不至于戳穿金属片。图片显示了同一金属片经过点錾走线后的正面和背面

3. 选择合适长度的錾凹錾

錾凹錾有多种长度，对新手来说选择起来会迷茫。不论完成一个设计图案要花多长时间，錾凹錾都应以易握、用起来舒服为宜。如果手比较大而工具太短，用的时候会抽筋；而如果工具太长，则不太好控制。笔者的双手就很大，所以用 4 英寸长的錾子就比较舒服，尤其是线錾。笔者总是这么跟学生说，却常拿起自己最喜欢的短錾凹錾，忍受着抽筋，因为它当时很适合笔者正在做的作品。如果錾子很好，握起来却有压力，那只好多休息几次并甩甩手掌和手腕。

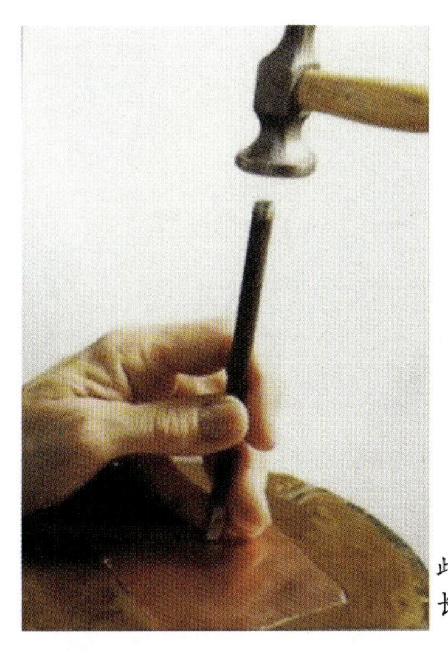

此图中的錾子太长，不好控制

此图中的錾子太短，长时间拿着会不舒服

3.2.2 将金属片从沥青台中取出

一旦完成整个图案的走线，就可以开始金属片背面的錾凸工序了。将金属片翻面时，有时可能会发现有氧化层的地方和走线时中度形变的地方是松动的。如果金属片没有从沥青中出来，就不得不用小火加热将之取出。用一对尖嘴钳或坚固的镊子夹住金属片的一角，一边稍稍加热金属片的中间部分，一边轻轻地将它从沥青中向上、向外拉出来。

1. 烧掉工件上的残余沥青

第一次学习錾花工艺时，笔者对教授要将金属片背面多余的沥青通过烧掉去除的做法很不理解，燃烧去除沥青会产生令人不快的污垢和烟雾，也会带来潜在的危险。如果要这么做，请保持通风并戴上防紫外线的护目镜。尤其避免对以柏油为基本成分的黑沥青使用此法去除，因为产生的烟雾很可怕，会最终导致整个工作室都盖有一层沥青。

将金属片放在用于烧掉沥青残留物的耐火砖上，或者放在钢盘或钢平底锅的线圈上。燃烧沥青残余物直至它变成白灰，然后冲洗金属片去掉上面的白灰，最后将金属片放入酸洗液中。

再次使用之前，将任何团块状的沥青从耐火砖或钢平底锅中去除。燃烧法去除沥青的温度将会使大多数金属退火，就银925而言，其表层会产生较深的氧化点。

安全提示

燃烧沥青会产生非常强烈的光，可能会对眼睛造成伤害。在把沥青烧成白灰的整个过程中，请佩戴绿色的防紫外线护目镜。

2. 擦去工件上的残余沥青

清除工件上沥青残余物，笔者推荐的方法是用手持热气喷枪稍稍加热金属片，再用

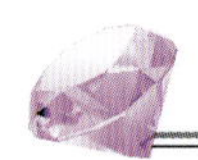

不论你是用焊枪还是手持热气喷枪将金属片从沥青中取出，软化沥青就好，避免点燃它

棉垫蘸少量矿物油擦去沥青。擦去沥青后，再用除油皂把金属片表面的油洗掉、冲洗肥皂泡、晾干。也可能需要用一些磨料，如小苏打或者浮石，擦洗金属片以除掉上面所有的矿物油。如果金属片表面的水出现分离现象，说明上面还残留有油。

3. 溶剂

许多书都建议，用漆稀释剂或松节油浸泡过的布或者纸巾来溶解沥青残留物。尽管这样能成功去除沥青，但在工作室里，笔者却不是一个溶剂爱好者。笔者宁可避免这样做，因为清除溶剂浸泡过的碎布或者吸入挥发的溶剂也很危险。如果有许多的残留物，那就将金属片在冰箱里放置几分钟，去除可能多的沥青，然后再加热工件，最后用矿物油浸泡过的布将剩余的沥青擦掉。

将金属片上多余的沥青烧掉是有可能的，但这样会弄得一团糟并产生大量的烟

笔者推荐的方法是，用蘸了矿物油的棉垫擦去沥青残余物

4. 酸洗

千万不要把带着沥青的金属片直接放入酸洗液中。否则，沥青会将酸洗容器里弄得黏糊糊的一团乱，最后只能将酸洗液倒出并清洗容器。检查工件的正面和背面，确认所有的沥青都被清除干净后再进行酸洗。燃烧沥青会在金属表面留下白灰，白灰冲掉后再进入酸洗程序。

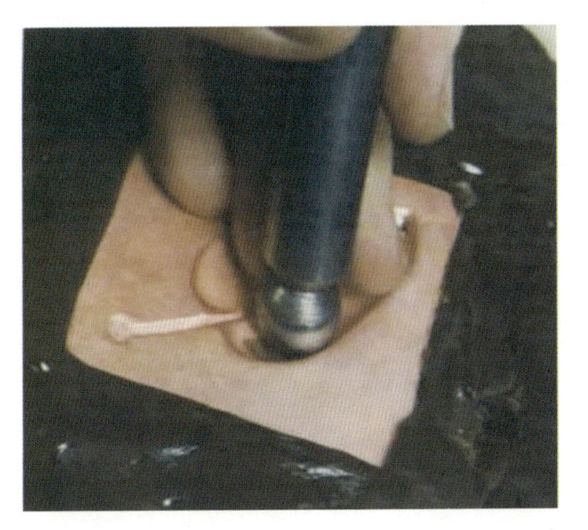

使用窝冲是开始錾凸的一个好方法，但是，当技能增强具有面对挑战的能力时，会发现舒缓的曲面錾(也就是直径更大些)更能提升制作的质量

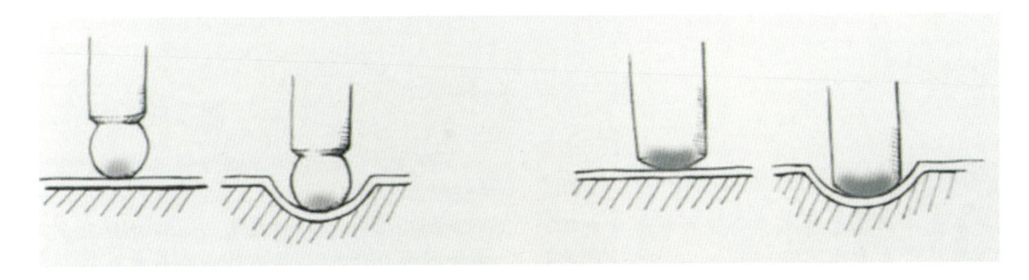

錾凸錾与金属的接触面积越大，每次敲击的完成度也越高，同时对过程的控制也越好

3.2.5　錾凹

1. 压錾

压錾可以让鼓起的部分有明确的边缘，并且让它们从金属片的背景上凸立起来。压錾可以让图案“浮起来”，让它看上去像是独立的物体被焊接到金属片上一样，或是看起来完全与金属分离，达到一种有深度的感觉。

压錾的錾头被用来敲打作品正面凸立部分与背景金属片连接处，使连接处的线条更流畅并且不会将连接处的金属变得很薄。

将半软的沥青块填充到作品的开口处

为了使沥青填满图形的每一处，可用手持加热枪从下面加热金属

当沥青冷却到足够坚硬不会滴出来的时候，将作品翻个面固定在热的沥青面上

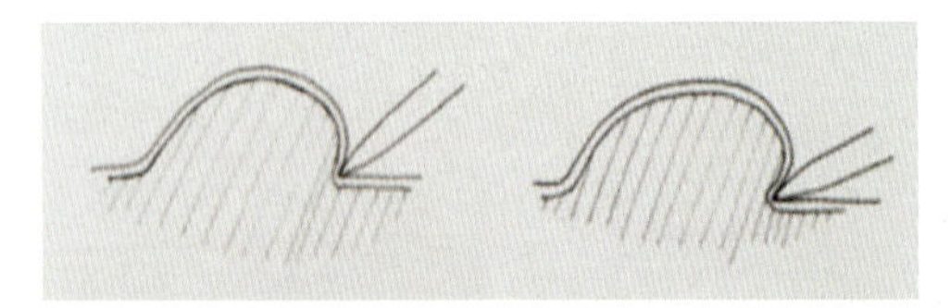

用一个更窄的压錾将金属向其自身推得更深，让图形从平面金属上立起来，从而使工件的凸起感看起来更强烈

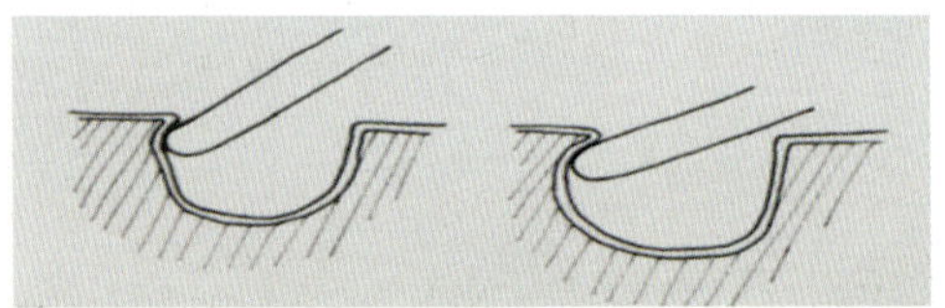

这个剖面图显示了如何在錾凸步骤开始时使用压錾，注意压錾的倾斜角度，尤其是在第二个图中

使用压錾有很多步骤，取决于要做的造型以及造型部分与底座分离的程度。压錾的刀锋能够制得像线錾一样窄（线錾有时也用在这种操作中，但必须很小心，以防将金属錾破），或是像宽线錾一样宽。开始时，笔者通常用压錾，它看上去像錾刃有些曲度的线錾。让压錾与金属片呈大约 45°，从凸出图案的底部进行敲击。所有边缘敲击完后，把压錾的角度调得更低一点，然后继续从底部敲击。有时，笔者会换成塞子状錾子，其头部和凿子相比更像塞子。錾子的尖头因与底部表面接触而变亮，同时錾子的下推将凸起的形状抬得更高。

压錾的数量与作品的样式及其复杂程度有直接的关系。第一次尝试该技巧时，越简单的样式越好。

根据定义，压錾是一个对局部进行加工的过程，这意味着它存在下面两种风险：金属被敲打过度以及金属变得异常薄。因此需时常检查作品以避免金属产生裂口和撕裂。

2. 整平

在一个鼓起的金属容器里，整平可以使金属硬化并且让其表面变得光滑。一些錾花人只用高度抛光过的整平錾，而另一些工匠则用无光泽的。整平的表面可以用磨石打磨、砂纸打磨或者用配有抛光剂的电动设备进行表面处理。整平是制作錾花作品最后几

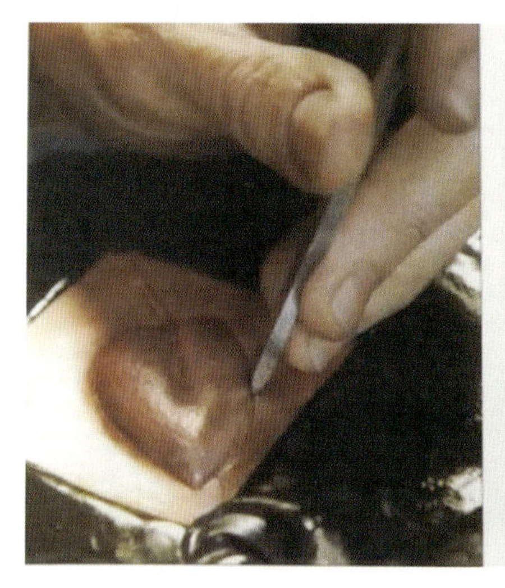

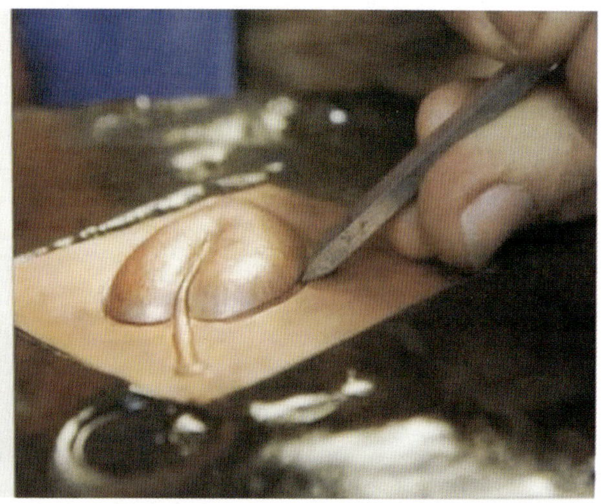

此两幅图显示了压錾的流程

个步骤中的一步，这时，金属需要非常的坚硬才不会在表面产生凹痕。冷的中硬度或高硬度的沥青以及钢具被用来为这一过程提供坚硬的支撑。

选择一个尖端稍平并有轻微弧度的整平錾，这样才不会损坏金属。尖顶为圆形、梨形、方形和长方形也是常见的形状。

整平时，整平的轨迹应稍稍重叠以保证表面的光滑。与其从头到尾在图形的所有区域用同一种形状的整平錾，不如配合图形更换不同形状和尺寸的整平錾。均匀地敲打整个金属表面，如果某个地方用力比较集中或是敲打得太重，金属就会扭曲变形。

整平是让金属表面变光滑的最好方式，因为它不会像挫和磨那样让金属变薄

对鼓起的造型内部进行整平可以让其正面更加平整光滑，尤其是当作品的反面也需要展示时，这点显得更为重要。

3. 肌理錾

在錾花工艺中，肌理对设计作品塑造起到了许多作用，包括装饰元素、表面效果处理和从突出的位置勾画背景。有时，纹理制作被认为是錾凹中独特的一部分，比如日本作品中鱼子肌理传统背景。

肌理錾凹錾可以买到，但制作自己独特的肌理是培养个人艺术语言的重要部分。看本书附录部分可以学习如何制作自己的肌理錾。

完成的这个作品显示，通过紧凑的压錾作用，平坦的外形多么具有戏剧性和冲击力

线錾能够用于制作各种各样的线状肌理，也包括借助手提钻制作交叉线肌理。在这项技术中，线錾以与金属垂直的方式握持，錾头稍高于金属面，快速敲击錾子，让它敲击金属表面并悬于下一个击打位上方，进而形成一条肌理线。这个过程在前面被描述为点线。以不同的频率和力度在金属表面敲击，会极大地改变肌理的样式。这项技法也适用于其他形状的錾凹錾和冲印錾。创新是无止境的。

使用尖状的錾子，如心冲、小弹錾和尖端被打磨抛光破损的钻针都能制出小窝状肌理。

字母和数字冲印也可以用来制作肌理，通过反复按压出图案或是在金属表面随意地敲打冲印錾。

即便是最简单的线錾也能制作出丰富多样的肌理

(b)用线錾沿着设计线条錾出小槽。錾刻的力度要比在沥青上錾凹的小，因为钢材不会向下发生形变，铜片会在錾凹处因受压而变薄

(c)同时进行冲印图案或者表面肌理的制作。在加工时，周围的金属会因形变而形成一个凹陷区域。一部分凹陷区域会变成设计的浅浮雕，一部分凹陷区域会在后述的步骤中被整平

(d)将金属片反转，背面向上。在金属片下面放入一块氯丁橡胶，用宽线錾錾凸叶片的叶茎区域

(e)这就是这个阶段叶子的正面效果图

(f)将叶子翻转过来，然后用窝冲进行錾凸。氯丁橡胶能使錾凸的深度达到令人吃惊的程度

(g)用木质杆或者塑料杆将叶片外的金属区域敲平整

(h)用錾凹錾在钢块上敲出叶片的外边缘，把叶子从金属片上剪下来

借助橡皮泥比较互为镜像的两金属片

使用模板检查两金属片的外部边缘，两金属片的空腔深度和轮廓外边缘线应该严格一致，因为这是它们接缝的位置

在整形板上整平两金属片的外边缘，图中使用的是黄铜錾和黄铜板

锯切出设计图

将两片工件放在一起，检查其匹配度，二者的匹配度在这个阶段应该非常好

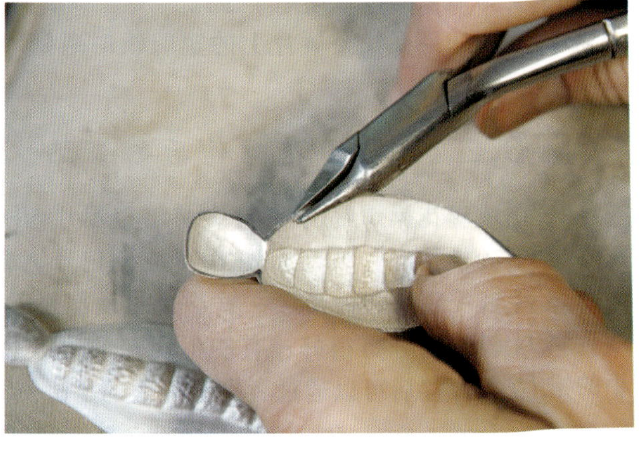

如有需要，把稍不匹配的边缘处用钳子夹在一起

5.4　焊接镜像空心件

为了把两个镜像空心件焊接在一起，按照前面部分所描述的那样，将两片金属的边缘底面用砂板磨平。实际上，笔者认识的每一位首饰艺术家都用不同的方式焊接珠状和盒子状的空心件。以下是适合笔者的焊接方法。

在工件的某个位置上钻通风洞或者孔是必须的。焊接处往往可以在接缝上锉出小凹槽，在后期的焊接过程中，凹槽会被焊药所充填。将焊接金属片的一面固定于耐火砖、金属网或金属圆环的凹陷处，使其底部边缘以一个小的角度朝向自己。在接缝处放助焊剂，助焊剂仅放在底部边缘的内部（如果材料是银 925，助焊剂可以涂抹在底部边缘的整个区域）。加热助焊剂直至它呈透明状，并且在底部边缘粘住焊药。转动工件，让焊接的区域始终处于底部。重力作用会帮助焊药流到需要的地方去。如果对使用焊条没有信心，可以使用焊片，或者借助拨火小铁棒进行焊接。这部分的底部边缘都需要附着有焊药。

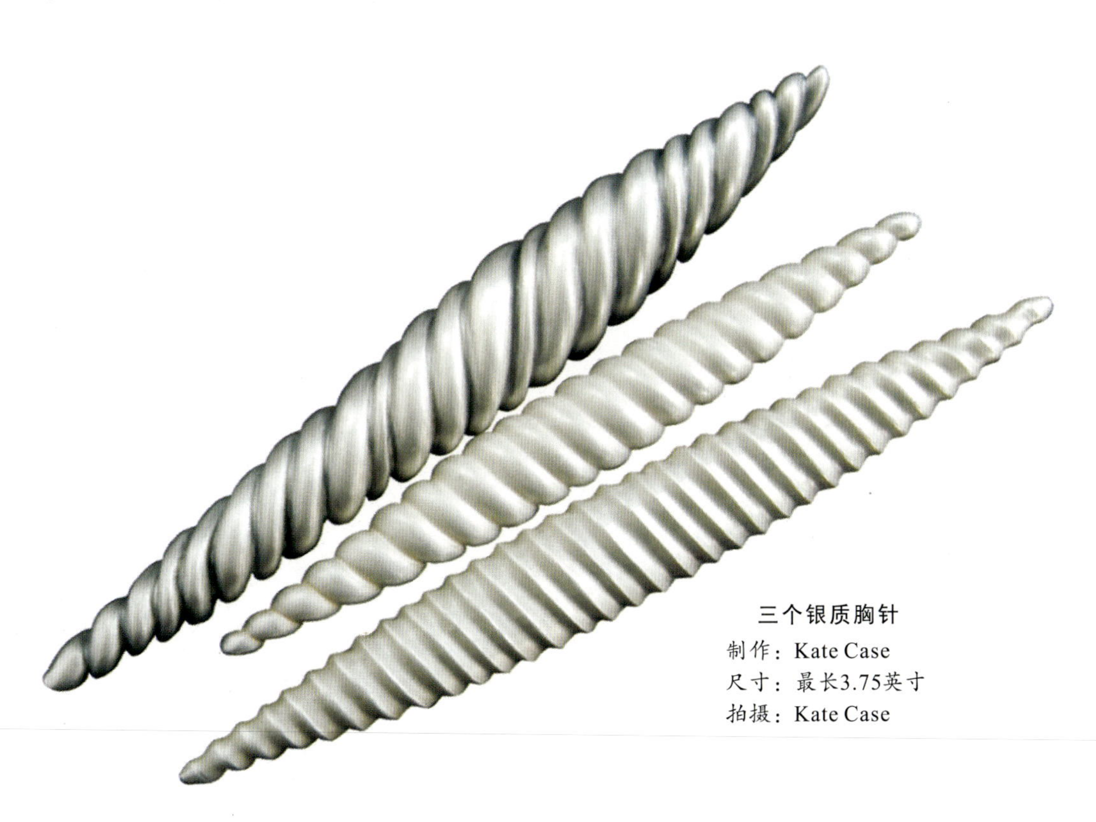

三个银质胸针
制作：Kate Case
尺寸：最长3.75英寸
拍摄：Kate Case

浸酸、冲洗并晾干工件。在两片工件的边缘底部都涂抹助焊剂。加热使助焊剂变干，然后用不锈钢丝把它们固定在一起。通过使用隔离物或者其他金属物件把钢丝抬起来使他和焊接区域保持距离。把空心件放在一个定制的丝状圆环上。把它放在可转动工作台上的三脚架上，均匀加热每一个区域直至焊药流动完成焊接。

磨、锉边缘，使边缘平整，同时使锉痕犹如凸起的小刺以承接焊药

至少把焊药放在一边的底部边缘，放置焊药前要清理一下放焊药的部位。焊线是不错的选择

用钢丝把两片工件绑在一起，加热直至焊药流动

通过錾凹操作闭合边缘接缝时，焊接件需要被固定在热固塑料中

到沥青燃烧成白色灰烬，加热的温度同时会使大部分金属材料退火。

当中空件温度有所降低时，将它浸入水中冷却。检查并确保所有的沥青都被燃烧干净。在将空心件再次置入沥青之前，擦净其表面的灰烬。

柬埔寨菱叶槟榔盒和小鸟，盒子和小鸟中充满了沥青，并分别被固牢在一根棍上以方便操作

在铸件表面錾凹：从小的银首饰到大的青铜雕像，经铸造工艺后的工件表面经常是粗糙的、未完成的。数千年以来，錾凹一直被用来给青铜雕像增加细节处理。不论规模如何，其基本流程都是一样的。不管最终追求的表面效果是光滑的或是带有肌理的，錾凹都是一种能有效去除麻点或对修补孔起调和作用的方式。可用沥青、塑料、沙袋，甚至膝盖来固着铸件，使两只手都能自由地进行錾凹。

有时会刻意把一个工件铸造成一个未完成的状态，因为后期将会在其表面上錾肌理、起伏外形和任何想要的效果。铸造是一种非常好的获得多种个性化铸造件的方法。依据基本的形状，添加一点手工就能制造出一系列作品，而不是一堆一模一样的复制品。

天堂之门(局部细节图)

制作：Lorenzo Ghiberti

材料：青铜(大门)

在铸造件上进行錾凹创作方面，意大利佛罗伦萨的圣约翰洗礼堂大门上的浮雕作品是一个杰出的榜样

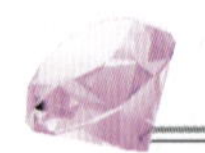

Iris

制作：Ralph Charest(框架部分的制作者为Pauline Warg)
尺寸：5英寸
拍摄：Abby Johnston

7.10 在手镯上錾花

对手镯或者开口小的金属件进行錾凸是有些困难的。是先进行錾凸然后把金属弯曲成手镯呢？还是先折弯金属再进行錾凸？使用什么尺寸的金属片才能将其弯曲，并在錾凸中保持合适深度和复杂度？

选择什么样的设计决定着问题的答案。錾凸操作后，浮雕越高，进行弯曲时的阻力就越大，这将导致金属弯曲时产生不希望出现的卷皱或折叠，这些卷皱痕和折叠痕经常很难或者不可能再次变光滑。

凸起的区域如果刚好出现在手镯被弯曲的地方，凸起区域将变平或者发生扭曲。如果錾凸件的较低区域刚好在手镯弯曲的地方，它们需要参照曲模被锤打出来。手镯厚度较薄、横切向向内的弯曲度不大时，可在錾凸操作后进行弯曲。任何时候，要避免花样较深的设计出现在手镯中曲度变化最大的区域，比如手镯的腕部。需要通过实验来找出金属厚度、凸起区域的高度和复杂程度、弯曲角度之间的恰当关系。

下图显示如何用沥青弯曲和錾凸手镯。根据花样复杂程度的不同，可选取其他支撑材料(如塑料、木材、橡皮泥或者沙袋)等用来替代沥青。具体选取何种材料可以参照设计花样的深浅、錾凸区域是否精细或者錾凹前的粗糙程度。

7.10.1 在弯曲的手镯工件上錾花

在开始任何錾凸工作之前，先把金属片折弯成手镯形状。这种方法最具挑战性的部分是在錾打和压紧金属时始终保持手镯的外形。当从内壁或外部进行錾凸操作和从外部錾凹某部分外形时，手镯自身趋向于卷曲。每次重新将手镯放到沥青上时，经常给手镯退火并用手指对外形重新校正。如果弯曲程度太大而不易用手校正，可在手镯芯棒或

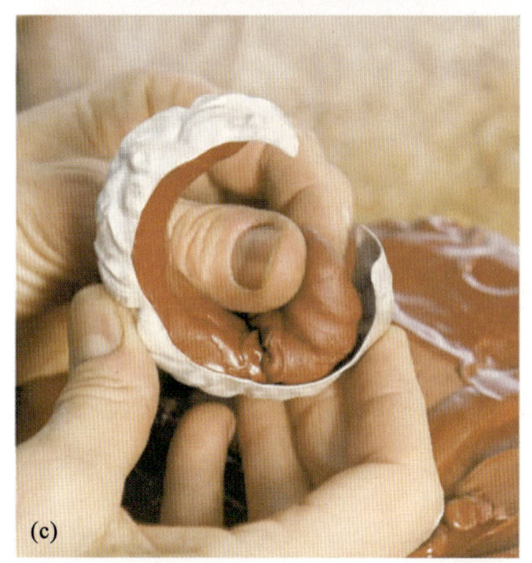

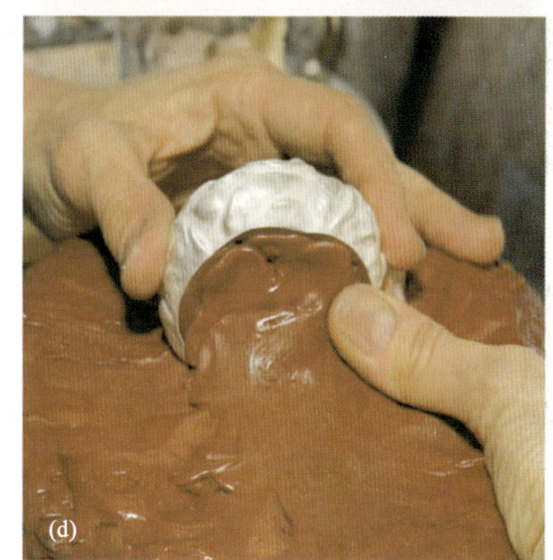

弯曲和制作錾凸手镯的步骤：

(a)依据设计图,适度顶起需錾凸的区域。

(b)继续从内侧进行錾凸操作，金属片会很自然地形成镯形。

(c)当凸起达到足够高度时，把金属移出、退火，并用沥青固定。

(d)把内部填充好沥青的手镯放在沥青盆上，这样能利于操作并提供很好的支护。

(e)錾凹金属表面，使空心件产生细致肌理。

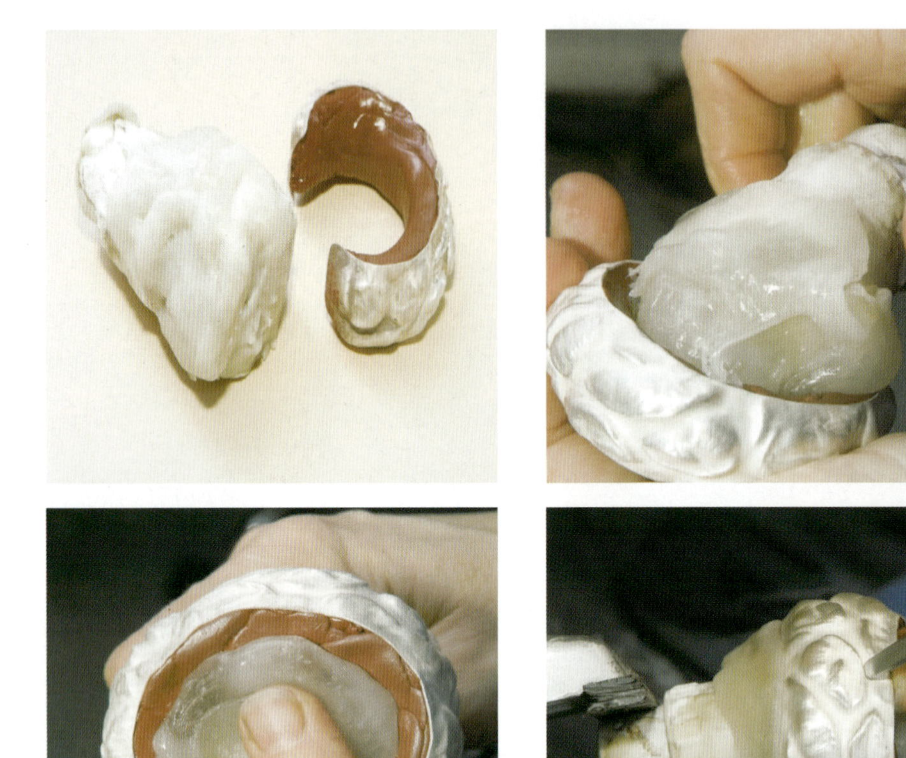

使用热固性塑料作为沥青的补充物，把手镯固定到一个能用台钳抓牢的杆上

木棒上使用软质锤以轻敲的方式将手镯复位。如果在保持手镯的弯曲上遇到困难，尝试把手镯的两端焊接到一起再进行校正。手镯錾花的区域是有限的，最佳的方式是从弯曲区域进行较深的錾凸开始，当然，在此过程中也可把手镯分段操作。

手镯的錾花首先进行的是内部錾凸，然后进行外部的錾凹。将手镯按分区埋入沥青中，对于錾凸操作来讲，把要进行錾凸操作的区域尽可能地埋入沥青中，接着錾凸此区域。在錾花时，转动手镯在沥青中的位置，以方便对选定的錾凸区域进行操作。

从手镯外部錾凹，把沥青堆成丘状，将手镯按压到沥青里，并使手镯的中部在最上面。为了能錾凹到每个区域，需要转动沥青中的手镯。

在錾凹手镯接口两侧呈外拱形时，用沥青将其内部填充，并把它按压到一个填满塑料的管子上。当塑料变硬时，用两只手进行錾凹操作。去除塑料时，把手镯放入温度适宜的水中，软化塑料即可去除。不要使水温过高以免沥青变得过软，否则沥青会与塑料混合而被污染。

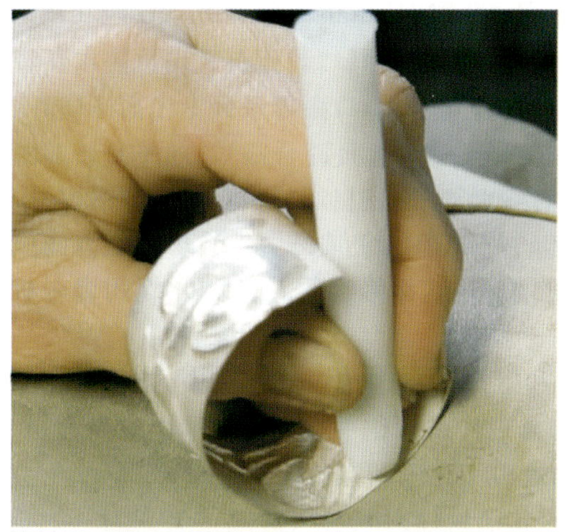

把錾凸后的金属片转变成弯曲手镯的过程。成功的关键在于要缓慢地弯曲金属片，以及在初次出现轻微折皱信号时就马上退火

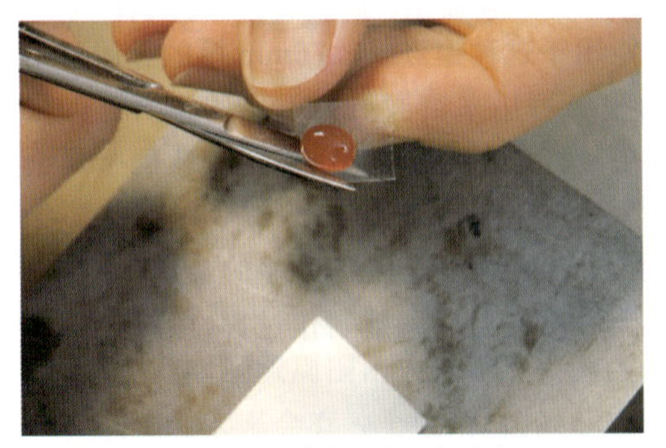
使用双面胶将宝石粘于银片上

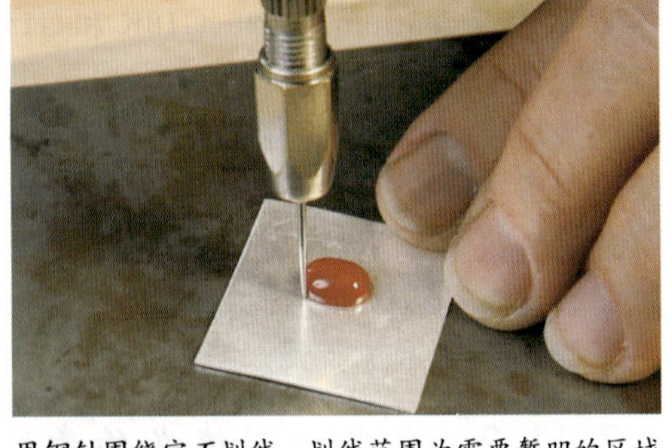
用钢针围绕宝石划线，划线范围为需要錾凹的区域

用合适的錾子錾出镶口

试石(图中为笔者所用的錾子)

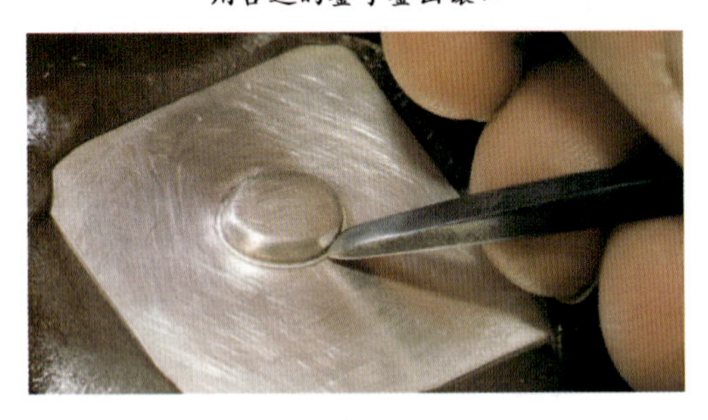
从背面修整镶口

该图显示宝石被放入镶口中等待镶嵌，右边的宝石与镶口中宝石为同一尺寸，放在这里是为了对比镶口的深度

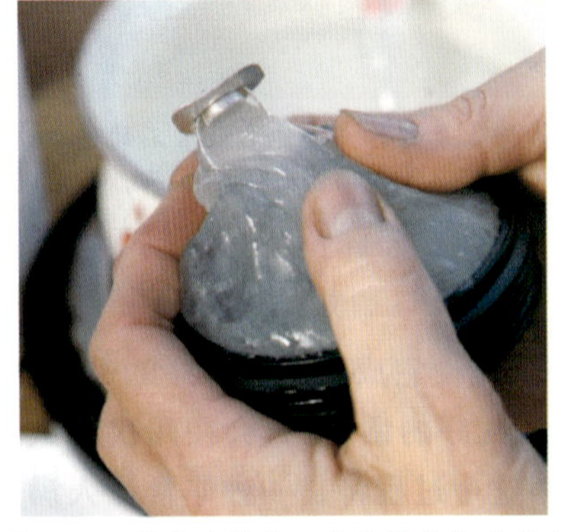
把戒环埋入热塑塑料中。在塑料冷却过程中，都可用手指塑造其外形

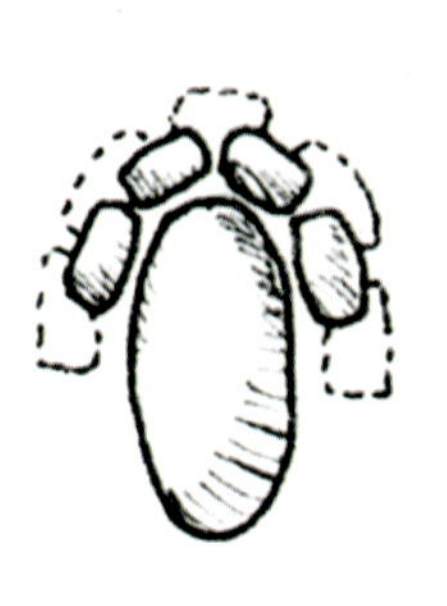
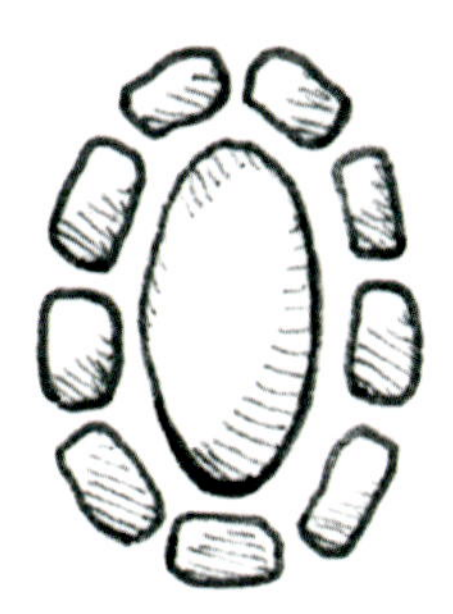
开始在宝石外面进行敲击，使金属向宝石周边延展，随后錾打宝石周边金属镶石

周围留下较多金属，以防止镶口在錾牢宝石时被撑开。将切出的外形焊接于戒环上，并清洗戒指准备镶嵌。

(5)在热水中使低温热塑塑料软化，直至它拉起来像乳胶糖，把戒指埋入塑料中，确保镶口和镶口周边金属的背面被塑料充满，从而在镶嵌时能起到支撑的作用。将塑料包裹的戒指放入旋转小台钳的钳口并固牢，低温热塑塑料在锤击时会轻轻弹起。如果塑料没有接触到金属，这可能导致在錾凹固定宝石时镶边的移动过多。

(6)此流程成功的关键取决于錾凹的镶口和宝石的匹配程度。宽松的镶口无法通过錾打其周边金属镶牢宝石。为了镶嵌宝石，使用一边缘舒缓断面为长方形的錾凹錾，轻轻地用錾子的长边敲击金属，采用对称的方式在离宝石边缘约 1mm 的区域錾打金属，具体錾打区域离宝石边缘的距离取决于宝石的大小和金属片的厚度。金属会垂直于錾子移动，敲击金属时用中等的力度——力度太轻，宝石周边的金属会在被推覆之前硬化；力度太大，金属则会发生弯曲。

敲击金属的次数越多，它就会变得越硬。在金属变得太硬不能移动之前完成镶嵌，这一点非常重要。镶口周边的金属会接触到宝石，并将它固定于镶口之中，但可能仍会稍有晃动。继续越来越轻地錾打，当宝石不再移动时，细致地錾打宝石周边的金属使镶口的开口适度缩小。这个步骤具有修饰宝石周边美观度的作用，固定宝石并不是必要的。当完成宝石的镶嵌后，除去塑料。

在錾打宝石周边金属镶牢宝石时，用蓝色的胶带把宝石粘牢，减轻振动

用錾子压边完成镶嵌

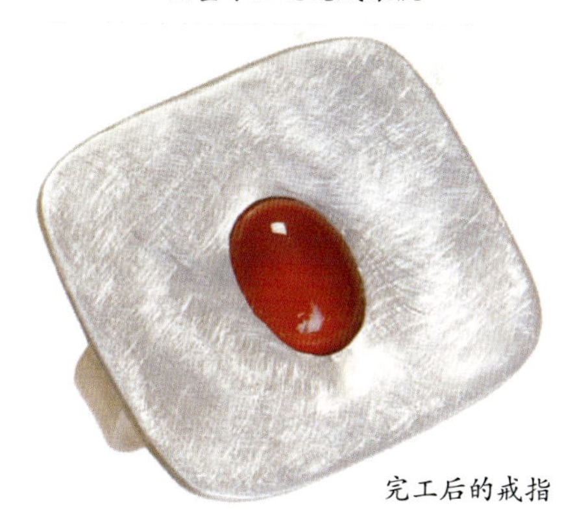

完工后的戒指

自画像

制作：Keith A.Lewis
材料：铜、青铜和青铜粉
尺寸：直径3英寸
拍摄：Doug Yaple

錾子的制作

本章描述的是用钢材、黄铜、塑料和木材制作錾子，并展示多种改进市场已有錾子和制作肌理锤的方法。

开始学习錾花时，笔者并不知道可以通过购买来获取一套已经制好的錾子。遵照指令，我们学会如何使用这些錾子，同时也学会如何制作这些錾子。笔者发现自己不但喜欢使用錾子也喜欢制作錾子，并且这个过程没有曾经认为的那么可怕。笔者的学生们也学会了如何制作錾子。学生们很享受为实现特别的设计和通过实验制作出独一无二錾子的这种体验。

錾花人的一套工具是非常珍贵的。制作和使用錾子是使用錾花工艺进行艺术创作的一部分。从最初制作的一两个錾子到能制作出 20 个，甚至 30 个，这个快速的过程常让人感到非常的惊讶，那些长期从事的錾花人甚至拥有超过 100 多个珍贵的錾子。放轻松并好好地去享受这个过程。

Carrie Dadyan制作的錾子

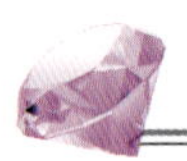

基础錾凹錾的制作：用砂轮或者锉刀粗略地制出錾子外形，一直打磨至錾子外形与模板契合。用细锉或中粒砂带机磨掉粗糙的痕迹，进一步用更细的锉刀锉修或移至干或湿型砂纸打磨阶段。用从粗到细的系列砂纸打磨錾头，最后工序使用一种砂纸是 600 目，或者用合适的抛光膏抛光。常见的包括硅藻土、金刚石粉、钢抛光膏，以及利牌、ZAM 牌抛光膏。

为了提高方形錾的握持舒适度，加热錾子中部到亮红色并进行扭曲。这样的柄形让人第一眼就能分辨出錾子的不同

使用安装有硬质合金机针、研磨盘的电动机头，或者手锉，有些錾子顶头形状很容易被加工出来。推荐使用硬质合金机针，因为它能轻松地切削碳钢，并且比高速钢机针加工出的錾子使用的时间更长。

錾凸錾的制作：錾凸錾的錾头是光滑的、圆的，这样的设计能把某个区域不留边痕地顶起。模板的外形对于保持錾凹錾圆头顶在柄轴的中心线上是非常有帮助的。如果加工的錾子非常大，可在砂轮上初步磨出形状，任何直径小于 0.5 英寸的小錾子都能用锉刀加工，或者在装有细砂纸的砂带机上加工。

一套硬质合金机针

錾凸錾最终可被加工成高亮表面或磨砂表面，磨砂表面能使錾子在錾凸操作时易于抓握。使用涂抹了钢抛光膏的抛光机能很容易地将錾子抛光到高亮效果，使用硅藻土或鲍宾牌抛光膏会抛出很好的磨砂表面，磨砂

黄铜模板能帮助确保錾凹錾的尖端准确地与錾子的柄轴在一条线上。模板也让修复或复制一个喜欢的錾子变得更加容易

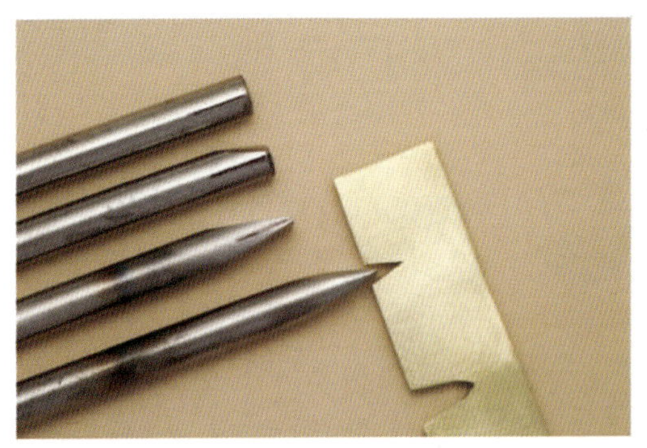

该图显示了錾子成型的4个阶段。可以看出模板是如何让錾子顶端的塑形变得更加容易

表面适用于绝大部分的錾凸操作。

肌理錾的制作:体验制作錾凹錾和肌理錾的过程是錾子制作中最令人激动的一个方面。能用于錾凹錾的肌理数不胜数。磨砂效果可以通过在锉子上敲击经过退火处理的

硬质合金机针装于吊机机头来雕刻錾子外形

崩断一根钢棒，断裂顶面可形成随机肌理，回火强化钢棒可以保留顶端肌理

重打退火錾子的一端，另一端平放于锉刀上可获得锉齿的几何肌理

获得类似肌理的替代方法是把錾子顶端加热到红色，然后用锉刀猛拍錾子顶端

錾子获得（选择粗糙度不同和类型各异的锉刀，如粗锉刀、方格纹锉刀，可以制作不同的肌理），或在錾子顶刻槽、硬化处理后折断的断面形成不同肌理。在錾子面上采用锯、锉和钻等方法制作图案都可以产生独特的肌理。硬质钢的雕刻錾和錾凹錾能被用来将图案拓印于经过退火处理的钢上。

在肌理錾硬化前，通过将肌理錾置于退火的软金属（如铜）上轻敲可以预览其效果。请记住此时錾子还是软的，不要敲击得太重。如果錾于铜片上的印痕效果好，可以进行硬化处理，如果不好，重新对錾子塑形并再试一次。在錾子经过退火处理后，修复外形比回火硬化之后再改变外形要容易得多。

(a)在砂轮上粗磨出錾子的形状

(b)用锉刀细化錾子外形

(c)用金刚砂盘磨光錾子各面

(d)用细砂纸抛光表面

(e)把钢抛光膏涂抹于抛光轮上

(f)抛光錾子

把錾子做成“小锤”:任何錾凸或錾凹的錾子均可被制成小锤。在木钉或者木质手柄上钻一个小孔,以便錾子能被拧入。用橡胶带将錾子缠牢于手柄上,可替代的方法是用低温热塑塑料将錾子和手柄固定在一起。

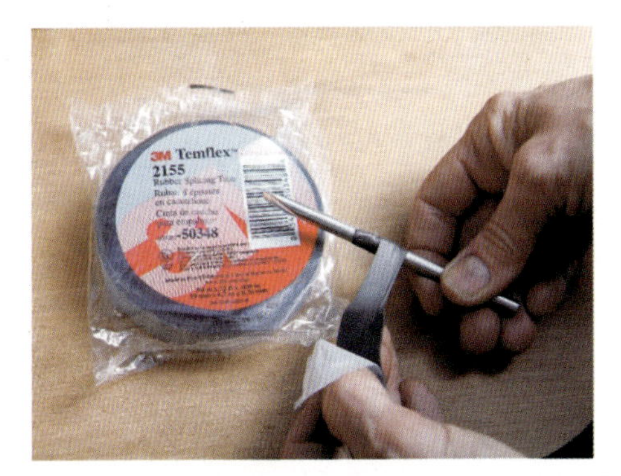

(a)用胶带缠于錾子中部

(b)在手柄上钻孔并将錾子扭入孔中

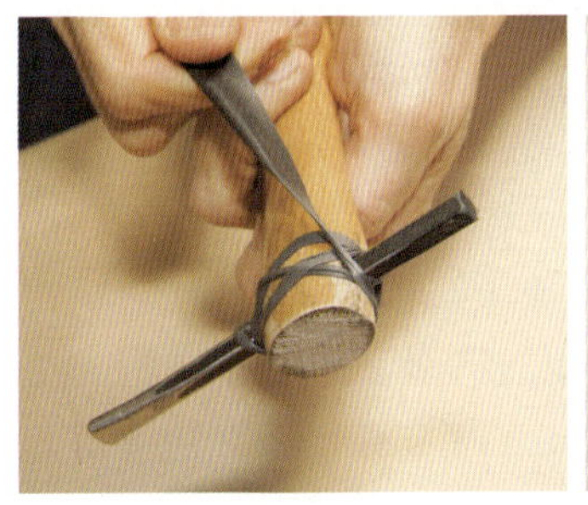
(c)用胶带把錾子固牢于手柄中

(d)胶带绑好了

(e)錾子制成的小锤在使用中

8.1.3.3 錾顶与錾头的塑形

1. 敲击端的塑形

一般情况下,錾花时的大部分注意力都集中到錾子的工作端(錾头),即加工金属件的末端,但是敲击端(錾顶)也值得注意,因为敲击端慢慢地会变成“蘑菇”状,意思是敲击面会扩大并沿着边缘裂开,从边缘飞出的钢屑会变成一个真正的困扰。为了安全起见,可把錾子的敲击端磨成锥状。

2. 工作端的塑形(冷加工錾子)

冷加工是指錾子在冷却的而非在热的状态下被锻造塑形的过程。冷加工对制作直径小(≤0.5英寸)的錾子是最佳选择。而对直径较大的碳钢进行塑形时,热加工的速度要快许多。下面将说明不使用锻造工艺来制作錾子的整个流程。

使用方形料和圆形料加工:横截面为圆形和方形的錾子,其自身各有优缺点。方形碳钢料的中心最容易被定位,凭手感就可判断方位信息。与此同时,方形料的棱边握起来不舒服会并给手增加压力。尽管有时会用方形錾来镶嵌、方形整平、某些类型的錾底和方形面的精细加工,笔者常使用的还是圆形錾。

为了让方形柄更加舒适,较为容易的方式是用砂纸打磨和锉刀将棱边整钝。一个替代方法是将錾柄绕着柄心折弯，这样能制作出更舒服的凹槽形錾子。制作时，需要用尖细状火炬加热錾子中心至橘红色，氧乙炔气或者氧丙烷气都可以做到。把錾子夹入台钳口，錾子被夹持的部位比需扭曲的下端稍低。加热錾子的中部直至它变成闪亮的橘色，然后用钳子夹住錾子上端开始扭曲，同时使火炬持续加热需扭转的区域，防止手被烧伤。该方法的微妙之处在于能保持錾子的直立状态。在移走火炬之前，从各个角度检查并校正以确保錾子的柄轴是直的。把錾子从台钳中移走，并让它缓慢冷却。

8.1.3.4 成型与肌理制作

下一步是为正在制作錾子的工作端外形剪出模板，模板可以帮助确定錾子的尖端是否在柄轴线上。当錾子的尖端偏离中心，錾子会变得难以控制并且錾子顶端和工件接触部位的錾花效果会很难预知。仔细地绘制模板，用尺子和圆规保持尺寸的精确性。从硬纸板或者黄铜上把模板切下来，制作一些模板的复制品以便将来参考。

8.1.3.5 热锻

当錾子需要一个宽的工作端，比起用粗大的钢棒做材料然后锉掉它的大部分，更高效的方式是把钢棒进行延展加工。这个过程就是基本的锻造——把钢棒加热亮黄色或橘色，锤平并敲展金属。有经验的匠人能用同样的流程将钢棒一端锻打出锥度，再强调一次，它比锉更快，特别是在加工较大工件时。

锻造很明显适合这个流程，但对大多数錾花人来讲并不必要。如果没有锻铁炉，用火炬将錾子加热到合适温度，如果有助手帮忙握住火炬，这个过程就特别简单。把火炬放在离铁砧比较近的地方，这样就能很快从加热工序进入锤击工序。让助手握住火炬并使錾子末端远离锻打者。用老虎钳夹住錾子放在火焰上，直到它变成黄色或橘色，快速把它移至铁砧上并用锤子用力锤击使錾子末端变宽，一旦红色消失立即停止操作，此时的锻打不仅低效，而且会增加金属内部压力并使錾子性能变差。

錾子的尺寸将决定加热量以进行锻打操作，氧乙炔气是温度最高的热源，适合于对直径为 0.75～1 英寸的錾子进行加热。尽管丙烷在加工小直径錾子非常有效，但对大直径錾子进行加热时就不那么有效了。如果有许多錾子需要进行锻打操作，就会发现燃气用得非常快。

如果一个人独自操作，推荐用燃料和高压空气火炬用于加热直径不超过 3/8 及以下英寸的錾子，因为火炬只有一个旋钮，操作方便，用它把钢加热到锻打温度之上，关上火炬，然后在錾子失去热度前迅速锤打錾子。关闭火炬消耗了时间，使锻打的时间缩短了，但这样比把錾子固定于台钳上会更加安全。

一旦錾子形成想要的形状，清洁工作端并进行退火。为了在钢錾中产生均匀的晶体结构，加热整根钢棒至明亮的红色并持续 1min，然后让钢棒缓慢冷却。根据需要对顶端进行塑形，随后按照上文介绍进行硬化和回火处理。

肌理锤的制作：许多肌理能被加工到锤面上，且不用对锤子进行退火或从手柄上去掉锤头。研磨盘、梅兹牌轮、切割盘、带式磨砂机、砂轮、金刚针和硬质合金机针都能切割绝大部分硬钢。部分肌理制作非常适合移出锤头并退火，退火钢更容易锯、锉、钻、凿和用机针车磨。当锤头没有在手柄上时，在锤面上通过酸蚀制成肌理会更加容易。

锯掉锤头并冲洗干净。将锤头固定于台钳中并用锥形冲头或宽面錾凸錾敲出剩下的手柄。在焙烧炉或者锻炉中对锤头退火，可用火炬对较小锤子进行退火，如錾凹锤、小的圆头锤或铆钉锤。就如制作錾凸錾的加工工序，用锤头制作肌理也需经过清洁锤头、制作肌理、硬化和回火处理工序。

可在三氯化铁、硝酸或者硫酸中蚀刻钢。蚀刻不在本书的讨论之内，但是有许多关于蚀刻金属的书籍可以买到，在网上也有许多这方面的有用信息。因为这种工艺用到强化学剂，除非采取了非常的安全措施，否则就不要考虑使用它们。

将同样的手柄楔入到锤头中，为牢固起见，垂直拿着手柄（锤头在上部），用手柄底部灵活地击打铁砧，锤头会轻轻跳出来并顺着手柄顶端向下移动，切去比锤头高出的木柄，并在锤顶木柄的对角锤入一两个金属楔以牢牢固定锤头。

用热气喷枪轻轻加热锤头部位的木柄（不要燃着它），并把末端浸泡到一罐亚麻籽油中至少 24 小时，或者在一罐汽车防冻剂里放 48 小时。这么做是为了防止木材变干，变干会使末端松弛而导致锤头脱落。一些金属匠把手柄放到水里一整天让它膨胀，不幸的是，这会导致手柄过度膨胀而使木质纤维分裂进而破坏其强度，也会引起手柄产生更大的收缩。

8.1.3.6　硬化

硬化时，用老虎钳紧紧夹住錾子，对錾子的加热区间为中间至工作端，敲击端不加热以保持此端不被硬化，这样能减少敲击端的振动并防止錾子在敲击时开裂。

在加热区间来回移动火炬使受热均匀，如果不确定如何通过颜色推断温度，可以借助磁铁来检查硬化温度是否合适。

(a)加热錾子顶端至亮红色，可以用热锻炉或火炬

(b)将錾子尖端向上立起，通过向下反复击打使尖端变宽

(c)为使錾子末端变亮，加热到红色并放于铁砧或类似的坚固底座上，将錾子末端锤击打平，在金属失去红色后不再锻打

(d)定期用坚硬的金属刷刷去錾子表面的氧化物

回火总是一种在硬度和韧性之间进行平衡的行为，这两种特性此消彼长，所以不同的錾子需要不同的回火操作。举例来说，一个薄刃凿子，如果太脆，在加工中就很容易碎裂，因此它需要的回火温度比钝一些錾子的要高些。錾凹錾经常被加热到草黄色。可以参照本书附录中提供的每个回火阶段优缺点的有关细节。根据錾子的使用目的，不同的錾子有不同的回火颜色范围。

用小而细的火焰集中加热从工作端开始的 1/3 范围。对于小直径的錾子，很容易加热时超过合适的回火温度。为了避免这点，用火炬的小尖端或用酒精灯加热。当火源在錾子上从上移至工作端时，仔细地观察錾子的颜色，当草黄色蔓延至錾子末端时，移走火源并立即淬火。在錾子浸入介质之前保持一定温度是非常重要的，因此保持热源在离淬火容器比较近的位置可以快速淬火，搅动錾子数秒，然后干燥它并检查其颜色。可以抛光錾子的工作端或者让颜色自然磨去。

8.2 使用非钢材料制作錾子

钢并非制作錾子的唯一材料，黄铜、木材和塑料都是制作錾子的很好材料，可用于有色金属錾花。黄铜可用于制作錾凹錾和錾凸錾，木材和塑料这些具有柔软质地的材料最好用于制作錾凸錾。与钢相比，以上 3 种錾子都有一个共同的优点——它们足够软，不会在金属表面留下錾痕。

(a)在蚀刻锤头前，先锯掉手柄

(b)用冲子敲掉竖立锤头孔中的剩余手柄

(c)蚀刻锤头后，将另一手柄前端修出合适的锥度

(d)把手柄敲入锤孔中，用热气喷枪加热手柄。由于油易燃，请不要过度加热

(e)把热锤子浸泡到亚麻籽油中一整夜或者更久

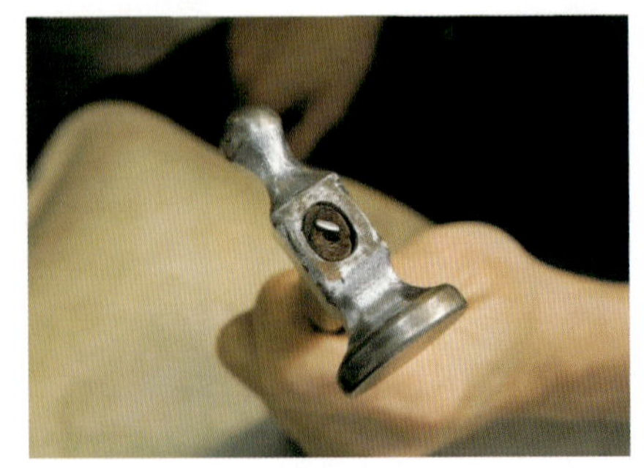
(f)插入一两个楔子让锤头能更长久地与手柄结合

8.2.1 黄铜

黄铜或青铜都很结实，用它做成的錾子能有效用于 0.91mm 或更薄的金属，更大厚度的金属使用黄铜錾子就不易錾动。与钢质錾子不同，黄铜錾子的工作端会不断软化和改变，錾打一件作品往往需要反复塑形数次。锉刀是黄铜錾子塑形时所需要的。

黄铜錾凹錾适合作为底錾，当对某些外形的底部錾打时，黄铜錾比钢錾更不容易在作品上留下錾痕，方形黄铜錾适合对作品表面的方形边缘进行錾打操作。

在錾凸或錾凹的操作过程中，黄铜錾都能很好地整平金属，也能很容易地锉出各种外形以实现对难以加工区域的錾打。

8.2.2 木材

当用木材、沙袋或者木质模支撑金属件时，木质钉和木棒能被制成很有效的錾凸錾。可将小的木钉锉平或者锉成宽线錾，用于在錾凸和錾凹过程中整平金属。

8.2.3 塑料

将聚甲醛树脂圆柱去锉成锤头形状

錾花中最常用的塑料是丙酮醇，最常用的商品名是聚甲醛树脂。它很坚硬，有韧性，很易进行锉修和雕刻，密度相对较轻。在用木模作为支撑物的錾花操作中，聚甲醛树脂是制作錾凸錾的绝佳材料。与黄铜及木材相同，塑料錾子也能在各工序中用于轻轻整平金属。聚甲醛树脂能在塑料供应公司买到，横截面有圆形、正方形、长方形，颜色有黑色和白色。在研磨、砂纸打磨、锉或者切割塑料时，要戴上面罩。

9.3 Nancy Megan Corwin

Nancy Megan Corwin 曾说，对她而言，制作的珠宝适于穿戴且有实用性是非常重要的。錾花是一个思考过程，它使创作者刻意地錾出印记，同时包含了一定程度的即兴发挥，这种思想反映于推和拉等具体的创作性操作中。笔者使用银片和铜片的时间是如此之长，以至于在錾花中有时感觉不到錾子是独立于双手之外而存在的。似乎在用錾凹锤和錾子击打金属时，笔者与金属成为一个有机整体，錾花的过程就是与金属进行着持续的对话，探讨着哪些是需要的，哪些是有可能做到的。

花园(项饰，右为局部细节图)
材料：银925、18K金、珍珠、多色水晶、乌木
拍摄：Doug Yaple

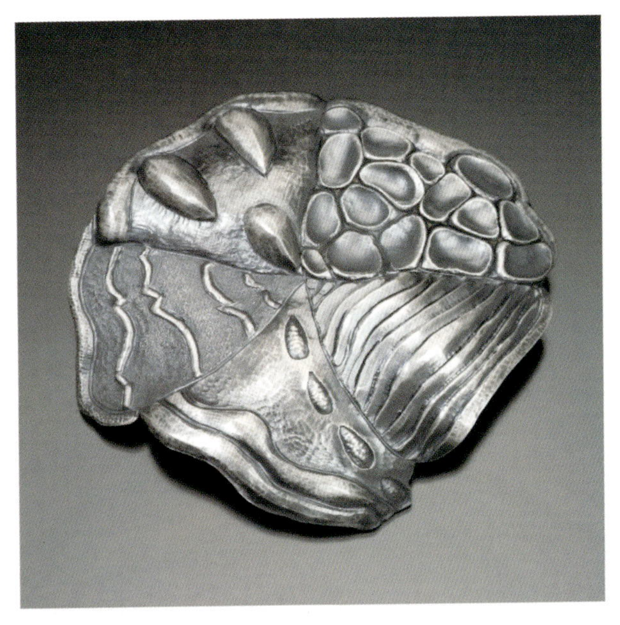

深色胸针

材料：银925
尺寸：直径3英寸
拍摄： Doug Yaple

神父——生命之树烛台

材料：银925、24K金
尺寸：12英寸×6英寸×6英寸
拍摄：Doug Yaple

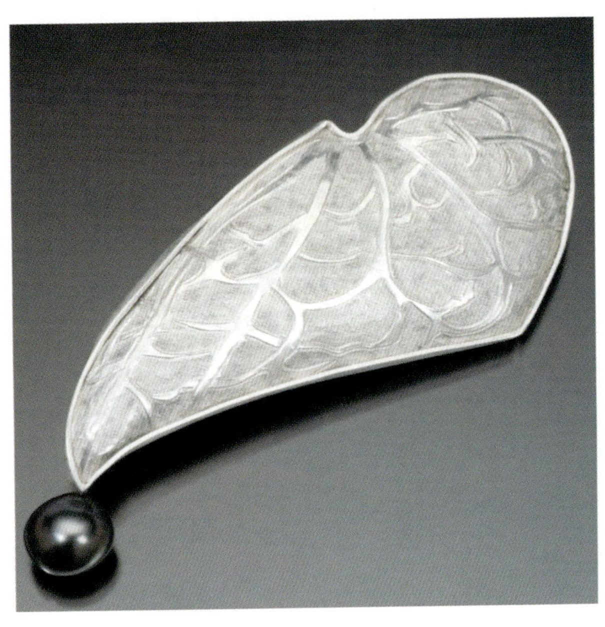

浅色胸针

材料：银925
尺寸：3英寸×1.5英寸
拍摄：Doug Yaple

9.5 Catherine Grisez

Catherine Grisez 曾说，他所创作的雕刻作品是基于个人叙事，并受到来自自然界各种景象的影响。他的作品也反映了文化理念和社会问题。多年以来，他学习了许多工艺并把它们应用到创作中，但金属成型一直是他的最爱，而成型过程中最令人激动的方面是金属移动和演变成有机形状。尽管有时他运用传统的錾花方法加工小型工件，但加工较大空心件时并不使用沥青。加工较小的或者有较大平面的工件时，他会用一个 16 英寸填满沥青的生铁锅，这样沥青可以提供大的支护面。当在铜上錾出一些易于识别的图案时，比如不能翻转的昆虫或者人类胎儿时，他也会使用这个锅。他建议，通常情况下，在把铜片放入沥青之前，尽可能多地使用锤子、铁砧、沙袋、錾凹錾、冲头和任何其他合适的工具。

第十四号碗

材料：黄铜、铜、胡桃木

尺寸：11.5英寸×8.25英寸×12.75英寸

拍摄：Doug Yaple

第二十号碗

材料：黄铜、银925
尺寸：6英寸×12英寸×11英寸
拍摄：Doug Yaple

第二十二号碗

材料：黄铜、银925
尺寸：6.5英寸×10.75英寸
拍摄：Doug Yaple

第八号碗

材料：黄铜、铜
尺寸：11.5英寸×5.5英寸
拍摄：Doug Yaple

第十五号碗

材料：黄铜
尺寸：10.5英寸×6.5英寸
拍摄：Doug Yaple

9.6 Rocio Heredia

墨西哥艺术家Rocio Heredia曾说，她的艺术作品要表达言语所不能及的思想。錾花作品应注重线条流畅、细节精致、形象逼真。她曾被告知要从观赏者的角度出发，去想象作品将要呈现出的内涵让人充满了好奇。不论是錾凸工艺还是錾凹工艺，它们都是基于娴熟的绘画技能以及对錾子的正确使用。金属加工技法训练了加工者用眼睛观察的精确度，这对在金属上创作出优美的图案必不可少。每一工件都是纯手工打造，对其外表进行做绿处理而产生氧化层，再经过抛光可以提高作品质量。她非常享受细节处理的过程，不管会花费多少时间，总的来讲，她利用敏感的触觉能力帮助观赏者感受眼睛观察不到的细节区域。

9.7 Jim Kelso

葡萄和飞蛾
材料：铜银合金(铜75%，银25%)、铜金合金(铜90%~96%，金4%~10%)、18K金
尺寸：2.25英寸宽
拍摄：Jim Kelso

牡丹花瓶(右为局部细节图)
材料：铜金合金(铜90%~96%，金4%~10%)、18K金
尺寸：5英寸高
拍摄：Jim Kelso

从1972年起，Jim Kelso就开始加工金属、木材和象牙等材料，逐渐成为在美国使用日式加工工艺和日本合金錾花的最有成就的艺术家之一。和他的亚洲导师一样，他只是把加工技艺看作是完整作品的一个起始点。他致力于创作呈现大自然的作品，比如一只青蛙、一棵树、一片叶子，不做发挥，只呈现大自然的原貌。此处所指的大自然，不仅仅是物质世界或者人类的思维历程，也包含使万物生机勃勃的看不见力量。除了首饰作品，他还制作盒子、器皿、雕塑，也使用铁基金属、有色金属、木材、象牙化石以及其他自然材料制作吊坠。

蕨与飞蛾

材料：铜、铜金合金(铜90%~96%，金4%~10%)、22K金

尺寸：2.75英寸宽

拍摄：Jim Kelso

冬季月光下的猫头鹰

(Kenbyo学者屏，左为局部细节图)

材料：铜金合金(铜90%~96%，金4%~10%)、银、18K金

尺寸：5.125英寸高

拍摄：Jim Kelso

9.9 John Marshall

John Marshall最为出名的可能是他那大型的恢弘巨作，这些作品重新诠释了古代的錾花技艺。对他而言，錾花只是艺术创作的一个方面，是整体的一部分，另一部分是围绕着一种理念创作，比如风的力量和风在想象的背景上留下的痕迹。他的作品会引起人们的思考，不仅包括在雕像表面留下的光影效果，还包括这种效果引发的联想。

将其錾花区别开来的是他使用锤子的方式。John Marshall收集了许多小锤子用于加工平面，还有一些肌理锤用于走线和制作肌理。他的工作室配有数种光源，可以让光线在银器表面上呈现出起伏摇曳的效果。

共眠(右下为局部细节图)
材料：银、玄武岩
尺寸：14.5英寸×47.75英寸×11英寸
拍摄：Jerry Davis

迁移
材料：银、丙烯酸
尺寸：16.5英寸×35英寸×14.5英寸
拍摄：Jerry Davis

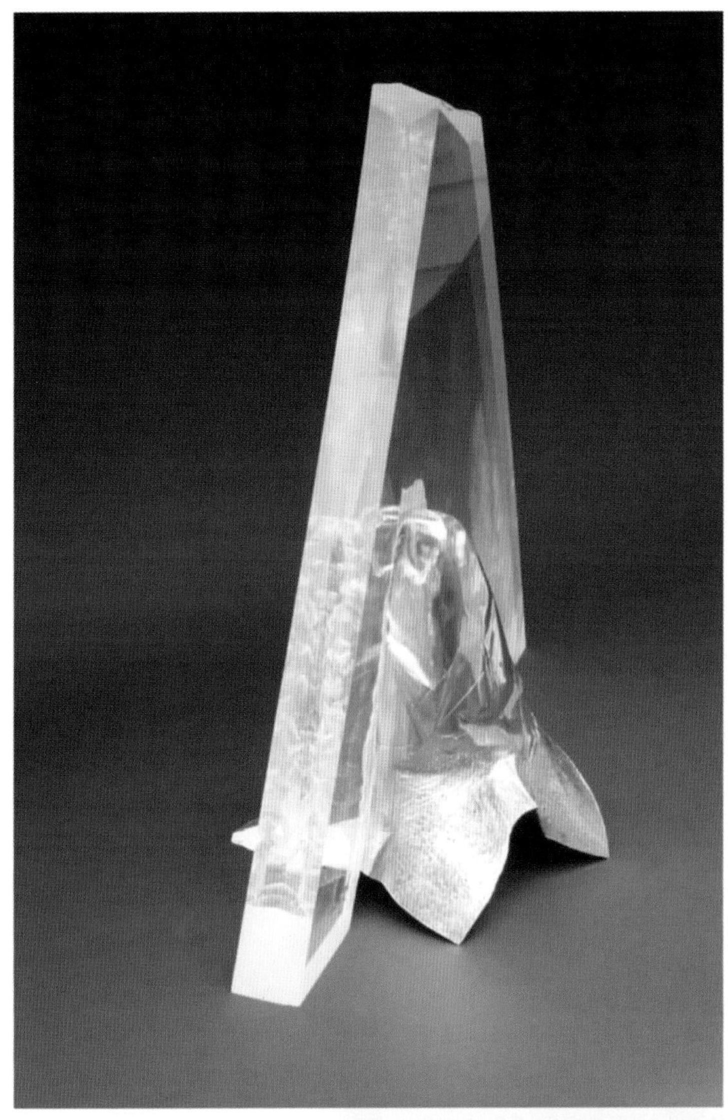

冰川时代
材料：银、丙烯酸
尺寸：22英寸×25英寸×12.25英寸
拍摄：Jerry Davis

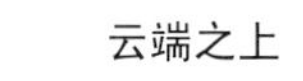

云端之上
材料：银、玄武岩
尺寸：18.5英寸×35英寸×9英寸
拍摄：Jerry Davis

9.11 Leonard Urso

Leonard Urso 师从 Kurt Matzdorf 教授学习錾花技艺，随后在 Onieda 银器加工公司(历史最为古老的美国餐具公司之一)担任錾花师和设计师时进一步提升了錾花技能。在此基础之上，他一直在突破大型手工雕刻品方面的限制，创造的人物铜制雕像可高达25英尺以上。对他而言，既熟悉又非常新奇人物形象成为从外形表达创意的媒介，通过手工塑造的这些形象必须能反映出人类生活，这种人类生活是由男人、女人、历史和文化所定义的。

铜和锤子是他在雕刻品中使用的主要材料和工具。铜能够被錾打塑形成流动的状态，其丰富的红色能体现人类肌体的温暖。

Leonard Urso 对錾花技艺很着迷，主要是因为在所有的文化类型中，这种简单的技艺都能被用来讲述故事和记录历史。

祖先
制作：Leonard Urso
材料：铜
尺寸：65英寸×50英寸
拍摄：Bruce Miller

Leonard Urso錾打《祖先》工作照
拍摄：Bruce Miller

时光
材料：铜
尺寸：18英寸×24英寸
拍摄：Allan Farbus

存在(个人展，25件)
材料：铜
尺寸：每个均为28英寸×26英寸
拍摄：Leonard Urso

时光的进展
材料：铜
拍摄：Leonard Urso

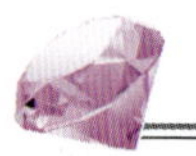

9.12 Valentin Yotkov

Valentin Yotkov 生活在美国，但他是在祖国保加利亚接受的錾花技艺培训。他一直非常敬仰古代大师的技艺，而保加利亚是传奇 Thracian 金匠和银匠们的家乡，他们在2500 年以前创作了许多永恒的杰作。他们的优美佳作深刻地影响了其个人风格，终生都在给予他生活灵感。古代金器和银器作品是非常神秘的，充溢着历史的悠久和变化莫测，作者被古代作品的丰富外形和设计深深地吸引了，并在金属上体现了它们的精髓，却让人感觉和当代作品一样新颖。

在 10 年的学习过程中，他研究了最新挖掘出土的金银珍宝，并复制了一些容器，从而探索 Thracian 大师们使用的錾子和技术，这是和远古时代进行激动人心的精神交流，也是对錾花工艺的第一次认识。这些在历史的长河里，几乎失传的伟大技艺成为他在金属加工中最钟爱的表现形式。抛开远古作品所具有的丰富内涵，他认为，在更依赖现代技术和发明的未来，人们也不应该忘记过去的知识和经验。在他的每一件作品里都保留着一种能表现其本国丰富历史和文化的古代金属加工技术，就和古代前辈一样，Valentin Yorkov 希望这些技巧和技术能保留下来并传承下去，让后人也能欣赏它们。

碗
材料：银925
尺寸：3英寸×4.75英寸
拍摄：Plamen Petkov

收集盘 II
材料：铜
尺寸：12英寸×12英寸
拍摄：Plamen Petkov

作品展示

呈现出錾花艺术的丰富多彩性是一个挑战，最佳的方式就是展示作品的图片——大量的图片。以下数页篇幅对本书已经展示的作品图片进行了补充，这些图片一起展现了这些永恒的技艺所体现出的规格、风格和视野。

勿忘我

制作：Billie Lim 材料：22K金、钻石
尺寸：高2英寸 拍摄：Ralph Gabriner

Kiddish杯

制作：Susan Elizabeth Wood
材料：银925、24K镀金、石榴石、紫晶、托帕石

弯朝阳手镯

制作：Catherine Clark Gilberston
材料：纯银
尺寸：5.5英寸×2.75英寸
拍摄：Hiroko Yamada

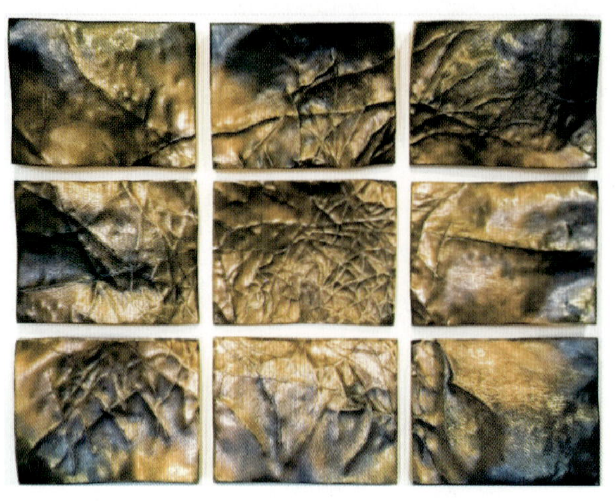

(局部细节图)

制作：Corrie Silvia
材料：铜
尺寸：3英寸×4英寸×11英寸(深)
拍摄：Mark Johnston

带手柄小银茶壶
制作：Brian Clarke
尺寸：5英寸×5.5英寸

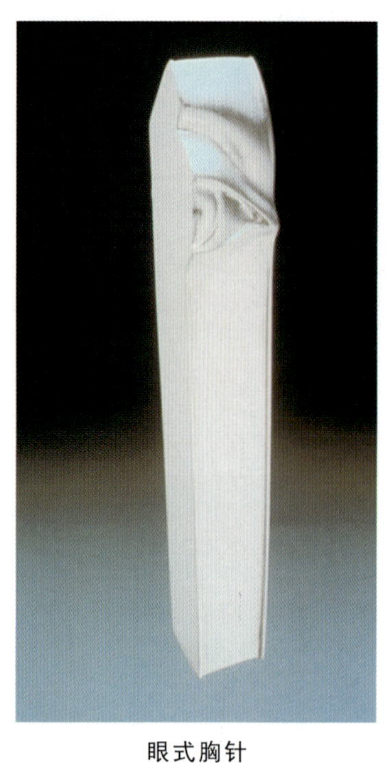

眼式胸针
制作：Catherine Clark Gilberston
材料：银925
尺寸：高5.5英寸
拍摄：Jim Wildeman

田园

制作：Davide Bigazzi

材料：银925

尺寸：直径12英寸

拍摄：Elisa Angelo

橄榄

制作：Davide Bigazzi

材料：银925

尺寸：直径12英寸

拍摄：George Post

幸运带

制作：Komelia Okim

材料：铜

尺寸：高23英寸，直径21英寸

拍摄：Oh，In-Kyu

墨西哥城的救生背心

制作：Lorena Lazard

材料：银925、铜、钢

尺寸：7英寸×7英寸

拍摄：Paolo Gori

发光纪念物

制作：David Huang
材料：铜、银925、22K金叶
尺寸：12.75英寸×12英寸
拍摄：David Huang

羽毛（胸针）

制作：Jim Kelso
材料：铜、22K金、银铜合金
尺寸：长2.875英寸
拍摄：Jim Kelso

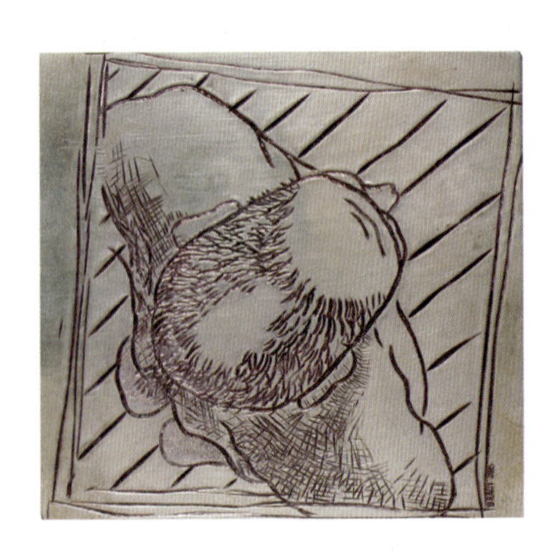

自画像（胸针）

制作：Charles Lewton Brain
材料：银925
尺寸：3英寸×3英寸
拍摄：Charles Lewton Brain

康涅狄格莺(《第二自然，她—鸟》系列IV)

制作：Marilyn da Silva
材料：铜、纯银、石膏粉、彩笔、丙烯酸漆
尺寸：6英寸×9英寸
拍摄：M.Lee Featheree

项叶

制作：Catherine Clark Gilberston
材料：纯银
尺寸：高9英寸，直径14英寸
拍摄：Tom Melnvaille

加拿大霸翁鸟
（《第二自然，她—鸟》系列Ⅱ，配有可拆卸胸针，右为局部细节图）

制作：Marilyn da Silva
材料：铜、纯银、石膏粉、彩笔、丙烯酸漆
尺寸：6英寸×9英寸
拍摄：M. Lee Featheree

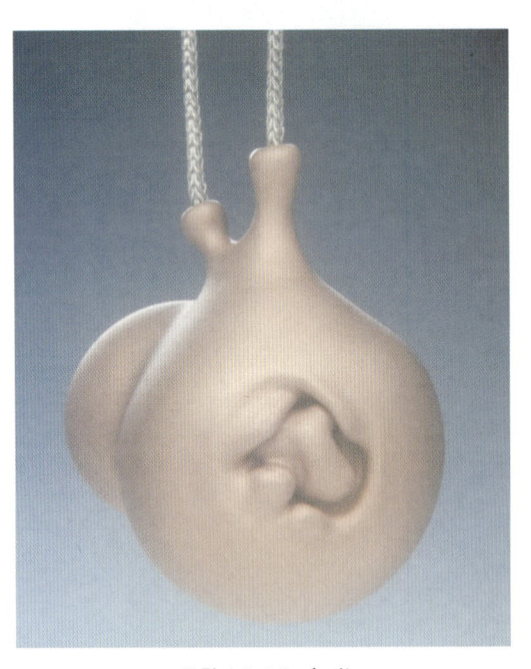

吊坠（《孔》系列）

制作：Yuyen Chang
材料：铜
尺寸：3英寸×2.5英寸×2英寸
拍摄：Jim Wilderman

#2（《点心》系列）

制作：Liza Nechamkin Glasser
材料：银925
尺寸：直径5英寸
拍摄：Robin Schwartz

Stephen Hawking的故事

制作：Suzanne Pugh
材料：银925、18K金、14K金
尺寸：3.5英寸×2.5英寸×1英寸
拍摄：Tom Mills

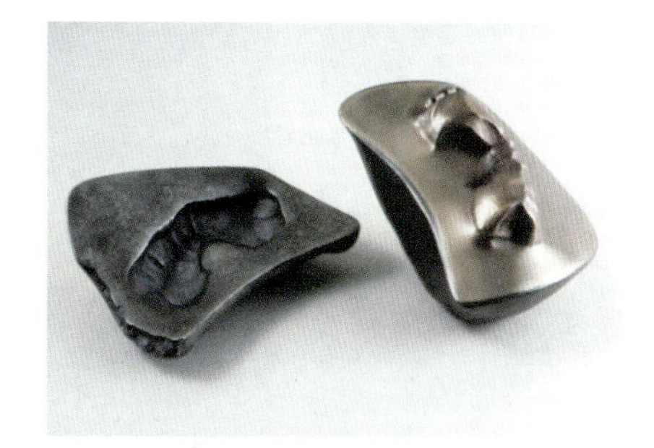

分开的岩石

制作：Sara Krempel
材料：锡、黄铜、骨头
尺寸：2.5英寸×3.25英寸×2.5英寸
拍摄：Sara Krempel

桶状玻璃杯

制作：Liza Nechamkin Glasser
材料：银925
尺寸：2.375英寸×1.75英寸
拍摄：Robin Schwartz

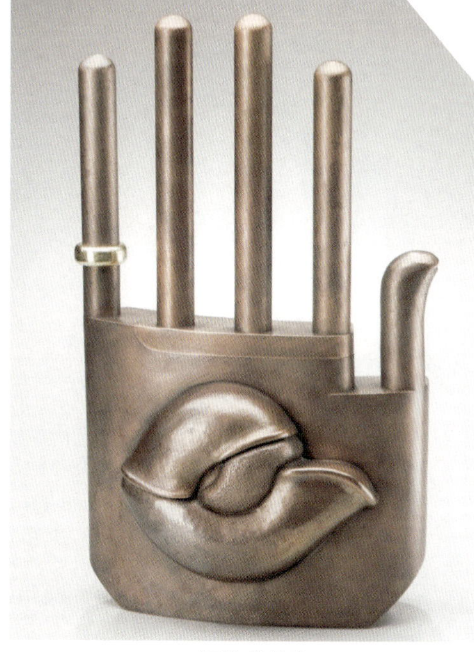

河道状茶壶

制作：Tom Muir
材料：铜、黄铜、铝
尺寸：12.5英寸×7.25英寸×4英寸
拍摄：Tim Thayer

启动的小车

制作：Miel-Margarita Paredes
材料：铜、黄铜
尺寸：11英寸×15英寸×10英寸
拍摄：Stephen Funk

牛仔钱包
制作：Melinda Hodge
材料：铜、黄铜、银925
尺寸：4.25英寸×3.5英寸×1英寸
拍摄：Melinda Hodge

壁炉屏(局部细节图)
制作：Wendel Broussard
材料：青铜、铁
尺寸：54英寸×84英寸
拍摄：Al Edgar

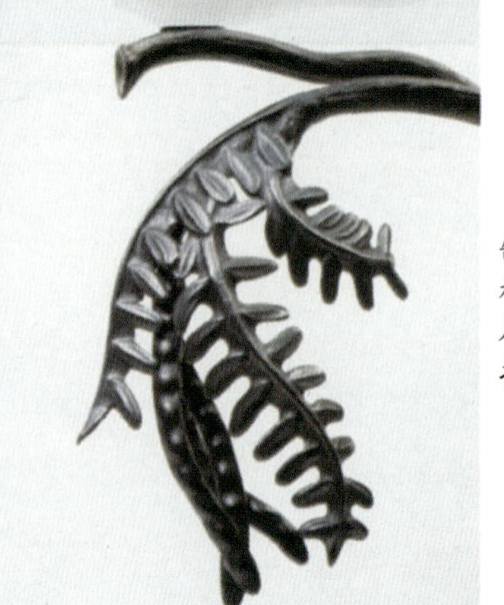

牧豆树新枝
(下为局部细节图)
制作：Wendel Broussard
材料：铁、黄铜、玻璃
尺寸：32英寸×40英寸
拍摄：Wendel Broussard

山羊头

制作：Miel-Margarita Paredes
材料：铜、黄铜、珐琅
尺寸：12英寸×12英寸×13英寸
拍摄：Stephen Funk

嗷嗷待哺

制作：Jackeline Martinez
材料：银925、黄铜
尺寸：宽2.125英寸
拍摄：Jackeline Martinez和Lance Neirby

怀旧圣骨盒(双视角图)

制作：Byran Park
尺寸：6英寸(高)×5英寸(宽)×3英寸(深)
拍摄：Tim Thayer

海花

制作：Cheri Lewis
材料：纯银、铜
尺寸：3英寸(直径)
拍摄：Hap Sakwa

我的乡村住宅：蜗牛1号

制作：Cheri Lewis
材料：铜、银925、纯银、珍珠
尺寸：2英寸×3.25英寸
拍摄：R. R. Jones

风景#5

制作：Corrie Silvia
材料：铜
尺寸：18英寸×18英寸×8英寸
拍摄：Corrie Silvia

生化危机胸针

制作：Susan Elizabeth Wood
材料：18K金、红宝石、石榴石

绘鸭皮带扣

制作：Jackeline Martinez
材料：铜、黄铜
尺寸：3英寸×2.25英寸
拍摄：Jackeline Martinez和Lance Neirby

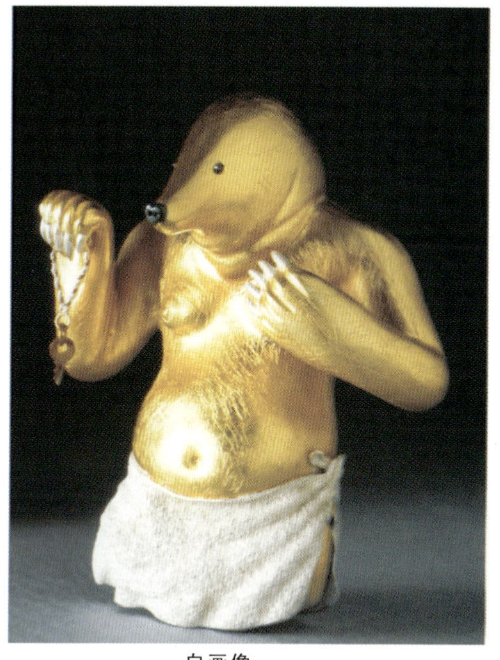

自画像

制作：Keith A. Lewis
材料：纯银、银925、塑料、24K金电镀
尺寸：2.75英寸×2英寸
拍摄：Keith A. Lewis

容器吊坠

制作：Billie Lim
材料：22K金
尺寸：高1英寸
拍摄：Ralph Gabriner

西番莲錾凹錾盒

制作：Jackeline Martinez
材料：铜、黄铜
尺寸：2.125英寸 × 5.25英寸
拍摄：Jackeline Martinez和 Lance Neirby

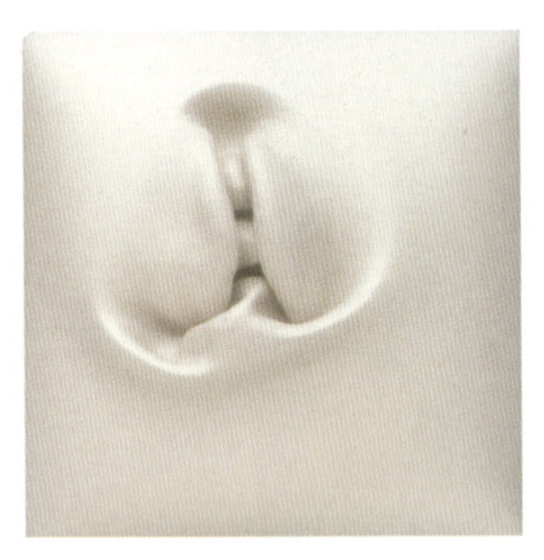

无名胸针(《孔》系列)

制作：Yuyen Chang
材料：纯银
尺寸：4英寸×2英寸
拍摄：Jim Wildeman

夏娜

制作：Suzanne Pugh
材料：银925、铜
尺寸：3英寸×2英寸
拍摄：Suzanne Pugh

金色椅子

制作：Robert F. Schroeder
材料：铜、黄铜、纯银
尺寸：3.75英寸×3.5英寸×3.5英寸
拍摄：Tom Mills

Persephone的悲伤盛宴

制作：Keith A. Lewis
材料：银925、镍银、18K金、24K金电镀
尺寸：2.75英寸×2英寸
拍摄：Doug Yaple

制作：Miel-Margarita Paredes
材料：铜、珐琅
尺寸：宽9英寸(宽)×4英寸(深)
拍摄：Stephen Funk

猫的礼仪
制作：Leslie A. Schug
材料：银、塑料镜子
尺寸：9.25英寸×3.25英寸×0.75英寸
拍摄：Leslie A. Schug

质问者搭扣(下为局部细节图)
制作：Seth Gould
材料：铜、黄铜
尺寸：3英寸×3英寸
拍摄：Michael Deles

霹雳游侠
制作：Billie Lim
材料：银925、黑钻石
尺寸：4.25英寸(直径)
拍摄：Ralph Gabriner

收集盘

材料：铜
尺寸：直径13.25英寸
拍摄：Plamen Petkov

花瓶

材料：银925
尺寸：8.5英寸 × 5.5英寸
拍摄：Plamen Petkov

钵

材料：铜
尺寸：5英寸 × 7.5英寸
拍摄：Plamen Petkov

附 录

11.1 日式錾凹錾

日式錾凹錾是由一种在日本被称为“tagane”的钢制錾坯杆制作而成的。与欧洲风格相比，日式錾凹锤质量轻，锤顶面积小，并带有长手柄。这种錾凹锤在手上能达到完美的平衡，使用起来毫不费力。

日式钢制錾坯杆

日式錾凹绝大多数遵从自上而下的錾凹方式，这种錾凹过程包括凿去多余的材料，如通过凿出线和点以用于错金工艺，也包含使用锤子击打凿子在器件表面进行金属雕刻。錾子工作面的外形是根据工作任务而定制的，具体到每一个面的角度和各面毫米级的精准尺寸，以实现特定用途。笔者制作过细线錾和细小的錾凸錾，这些錾子在錾花中经常用到。和西式处理錾子的方式一样，这些錾子也需经过退火、硬化和回火处理。

在第 9 章中提到的两位特色艺术家——Lucinda Brogden 和 Candace Beardslee 已经适应了使用日式錾子。在美国不容易找到日式錾子、锤子和沥青的供应商，但从日本的 Comokin 公司可以买到所需要的这些工具和材料。Candace 就是从日本订购这些錾子、锤子等工具的。

錾顶的侧面应修成斜面，这样在被锤打时，錾顶不易抱锤或偏斜

11.2 錾子的制作过程

11.2.1 整形錾的制作过程

(1)将一钢棒的顶端锤打成长方形。

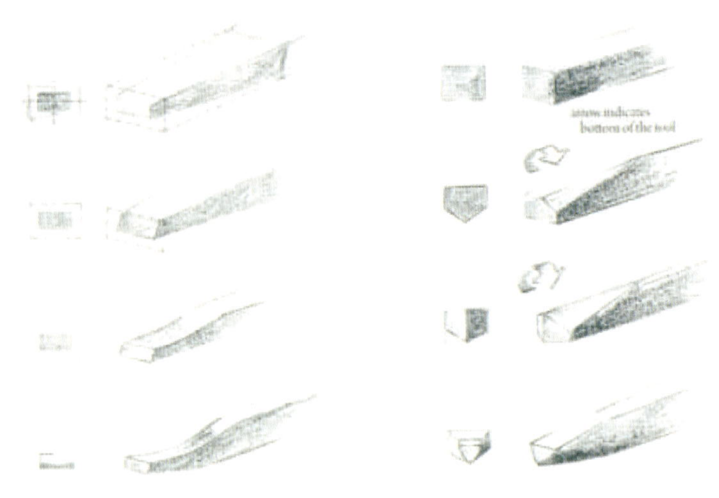

整平錾(用于垂直面加工)的制作过程　　　　雕刻刀/凿子的制作过程

的角度可以随着用途的不同而变化。

(4)把钢棒翻转，从顶面底线开始至顶面内两侧三角形的交点锉出一个斜三角形，然后经硬化和回火处理后用磨刀石打磨。

11.2.8　内整平錾的制作过程

(1)将钢棒顶端锤打成长方形，通过锉出斜面把大的正方形磨成小一些的长方形，长方形的对称中心不变。

(2)在顶面锉出一个斜面，并在底面锉出一个"V"形槽，如图所示。

(3)根据需要锉修各面，使錾头尺寸小一些，将錾头各侧面锉成圆弧状，并使棱边较为光滑。

(4)步骤 4 所示的是将錾子进行翻转后展现出的錾子底面，它可用来整平和锐化孔洞边缘。

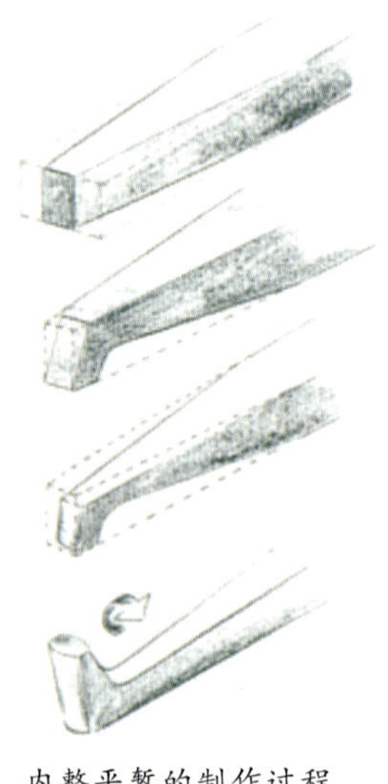

内整平錾的制作过程

11.3 单位换算表

Gauge(长度或直径单位)	mm	英寸(十进制)	英寸(分数制)	孔径标
0	8.5	0.325	21/64	
1	7.34	0.289	18/64	
2	6.52	0.257	16/64	
3	5.81	0.229	14/64	1
4	5.18	0.204	13/64	6
5	4.62	0.182	12/64	15
6	4.11	0.162	10/64	20
7	3.66	0.144	9/64	27
8	3.25	0.128	8/64	30
9	2.9	0.114		
10	2.59	0.102		38
11	2.31	0.091	6/64	43
12	2.06	0.081	5/64	46
13	1.83	0.072		50
14	1.63	0.064	4/64	51
15	1.45	0.057		52
16	1.3	0.051		54
17	1.14	0.045	3/64	55
18	1.02	0.040		56
19	0.914	0.036		60
20	0.812	0.032	2/64	65
21	0.711	0.028		67
22	0.635	0.025		70
23	0.558	0.022		71
24	0.508	0.020		74
25	0.457	0.018		75
26	0.406	0.016	1/64	77
27	0.355	0.014		78
28	0.304	0.012		79
29	0.279	0.011		80
30	0.254	0.010		

11.4 常见金属和合金

金属或者合金		金(%)	银(%)	铜(%)	锌(%)	其他(%)	熔点		密度(g/cm^3)
Al	铝					100 Al	660℃	1220 ℉	2.7
260	弹壳黄铜			70	30		954	1749	8.5
226	首饰黄铜			88	12		1030	1886	8.7
220	红色黄铜			90	10		1044	1910	8.8
511	青铜			96		4 Sn	1060	1945	8.8
Cu	铜			100			1083	1981	8.9
Au	金(纯)	100					1063	1945	19.3
920	22K 黄	92	4	4			977	1790	17.3
750	18K 黄	75	12.5	12.5			904	1660	15.7
580	14K 黄	58	25	17			802	1476	13.4
420	10K 黄	42	7	48	3		876	1609	11.6
752	镍银			65	17	18 Ni	1110	2030	8.8
Pt	铂					100 Pt	1774	3225	21.4
Ag	银(纯)		100				961	1762	10.6
925	银 925		92.5	7.5			893	1640	10.4
800	硬币银		80	20			890	1634	10.3
Ti	钛					100 Ti	1660	3020	4.5

11.5 硬化和回火

选择合适的材料非常重要，因为并非所有的钢都可以被硬化。錾子用钢的含碳量在0.5%～1.5%之间。这使得钢具有 2 种力学性能，一种是足够软可以被锉刀锉修，另一种是足够硬可以让錾子边缘不易形变。铁和钢组成的合金被称为“普通碳钢”，许多种工业上使用的合金比它更复杂。

最常见的一种錾子用钢被称为“O1”，这种钢含 1%碳元素，并经过油淬火，它可从工业公司买到。如果要重复使用某个经过硬化的錾子，可将其加热至亮红色，然后把它埋入沙中慢慢冷却。

11.5.1 塑形

制成所需外形的錾子大概需要 4～5 英寸长的钢棒，钢棒的两端在大部分情况下需要整细。有时将錾柄拧曲以易于握牢和增加握持力，可用钳子夹住錾子一头，将其中间区域加热至红色，然后用老虎钳拧曲即可。如果选择用绳子或者带子进行缠绕，就在硬化处理后进行。使用锉刀和砂纸对錾头进行精细打磨。有时錾子的顶端和锤子应该打磨成圆弧状。錾子工作端可以是任何需要的形状，这些形状可以是点、刃或者图案。

11.5.2 硬化

制作錾子总是包含 2 个步骤，类似于三步一回头。首先，是将相对具有可塑性的珠光体转变成更加坚硬的奥氏体，完成这个转变，需要把钢加热到所谓临界温度，临界温度就是发生相变的温度。如果钢被缓慢冷却，它就会重新变成有延展性的材料，所以有必要加速冷却过程。传统的做法是将加热至热红的錾子在机油中(尽管其他油也能起这样的作用)淬火。使用机油的一大优势就是它能迅速冷却钢，足以达到所需的效果，却不会快到在钢内部产生过多的应力。

加热錾子到光亮红—橙色时，钢处于无磁状态，用磁铁接触錾子可以确定温度是否合适。把錾子置于冷油中并进行搅拌以淬火，擦掉油，用锉子轻锉錾子顶部来测试它的坚硬程度。如果钢是硬的，锉子会发出很响的锉声。如果硬度满足要求，用砂纸打磨表面以使它恢复至钢铁的本色。

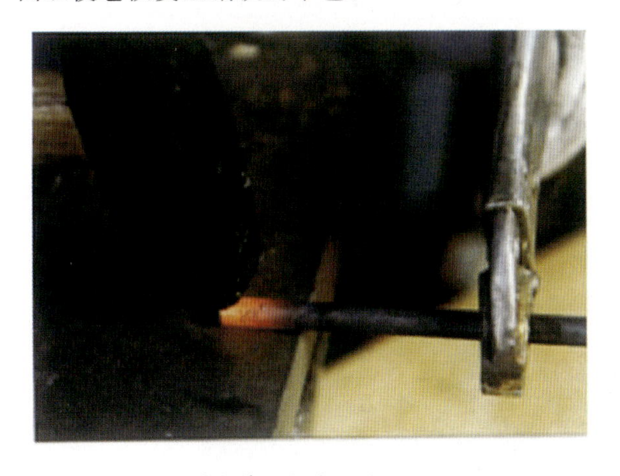

将钢棒锤打出所需形状

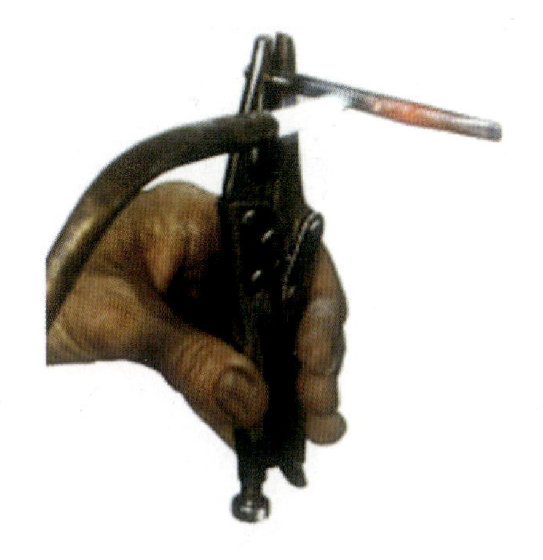

加热錾杆至光亮红—橙色

11.5.3 回火

未经回火处理的钢非常坚硬，也很脆。如果用锤子敲打，錾子会碎裂。为减弱錾子的脆性，需要进行再次加热，但是这次加热的温度要低得多。回火处理通常是达到硬度和延展性之间的需求平衡。回火的温度越低，钢的硬度越大但也会越脆。回火的温度越高，钢的脆度越低但是会损失更多的硬度和耐磨性。

使用小火并从錾杆中间开始加热，观察錾杆中部的颜色慢慢蔓延至錾头。随着加热

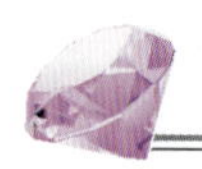

经回火加热后，将錾子浸入油中

颜色	华氏温度	摄氏温度
	400°F	204°C
稻草黄	425°F	218°C
	450°F	232°C
深黄色	475°F	246°C
青铜色	500°F	260°C
孔雀蓝	525°F	274°C
	550°F	288°C
蓝色	575°F	300°C
灰蓝色	600°F	315°C
	625°F	330°C
灰色(硬度消失)	650°F	343°C

钢的回火温度和颜色(注：温度值是大概的)

的进行，能观察到以下颜色变化：稻草黄→棕褐色→紫红色→蓝色→灰色，就在稻草黄将要到达錾子尖端时，迅速将錾子浸入油中进行冷却。

天堂之门(意大利佛罗伦萨的圣约翰洗礼堂东门正门上的浮雕作品，局部细节图)

制作：Lorenzo Ghiberti

材料：青铜、金叶

致 谢

创作本书历时数年之久。在这整个过程中，我的先生 Mark Phillips 和儿子 Sam Phillips-Corwin 用他们可以想到的各种方式给予了我极大的支持，他们尽可能地让我生活中的每一件事都变得顺利和完美。没有他们的支持，我将无法完成这本书。我的妹妹 Joan Corwin，她是我们家族的作家，她花了很长的时间来阅读这份并不熟悉的材料，并在我寻求她建议的任何时候，都给予了宝贵的意见和经验。

Eleanor Moty 是第一个向我介绍这个技术的人，她对我亦师亦友。实际完成这本书离不开 Eleanor 的影响和支持。我还想感谢 Marcia Lewis，感谢她能够让我成为她的著作——*chasing，ancient Metalworking technique with modern applications* 的第二作者，以鼓励我编写自己的书籍。在我们的团体中，她是一个慷慨和积极的正能量拥有者。

Doug Yaple 是一个我希望特别感谢的人，他不仅是我的摄影师，更是我非常要好的朋友。他的才能和支持是不可替代的。在专业印刷方面的成功可以追溯到他为我拍摄的第一张照片。没有他，我不敢这样大胆地编写这本书。

感谢 Tim McCreight，没有他，这将无法成为一本书。Tim 的鼓励、努力和洞察力，让撰写这本书变成了一件愉快的事情。我很荣幸能够成为 Brynmorgen 出版公司的作者。

在本书的材料收集和撰写过程中，我非常有幸能够接触到许多金属工匠们。他们深刻的见解、熟练的技术和丰富的经验给这本书的内容及结构提供了宝贵的资料。

南希·梅根·科温

银925分鱼刀局部细节图